高职高专家具设计与制造专业系列教材

家居软装设计技巧

曹俊杰　姚爱莹◎主编
郝丽宇　戚　麟　田红梅◎副主编

中国轻工业出版社

图书在版编目（CIP）数据

家居软装设计技巧 / 曹俊杰，姚爱莹主编. —北京：中国轻工业出版社，2022.11

ISBN 978-7-5184-2523-5

Ⅰ. ①家… Ⅱ. ①曹… ②姚… Ⅲ. ①住宅－室内装饰设计 Ⅳ. ①TU241

中国版本图书馆 CIP 数据核字（2019）第 147078 号

责任编辑：陈　萍　　责任终审：劳国强　　整体设计：锋尚设计
策划编辑：陈　萍　　责任校对：晋　洁　　责任监印：张　可

出版发行：中国轻工业出版社（北京东长安街6号，邮编：100740）
印　　刷：三河市万龙印装有限公司
经　　销：各地新华书店
版　　次：2022年11月第1版第2次印刷
开　　本：787×1092　1/16　印张：9.75
字　　数：280千字
书　　号：ISBN 978-7-5184-2523-5　定价：49.00元
邮购电话：010-65241695
发行电话：010-85119835　传真：85113293
网　　址：http://www.chlip.com.cn
Email：club@chlip.com.cn
如发现图书残缺请与我社邮购联系调换
221523J2C102ZBW

前言

家居软装设计需要在理论基础上进行实践。近年来，“轻装修、重装饰”的理念深入人心，使得家居软装成为打造家居空间氛围的重要环节。本教材结合专业特征，从软装的基础理论、家居产品分类、材料特性、软装产品如何在家居空间运用以及如何制作软装方案等方面入手，力图完成一本高质量的实践性教材。本教材按照家居软装方案设计的基本流程，分为软装基础知识、软装概念方案设计、产品空间索引、产品摆放和软装方案制作五个方面。其中，概念方案设计与产品空间索引作为软装方案设计中重要的内容进行了详述。

本教材介绍了现代家居软装的全过程，将专业性较强的软装知识融会贯通，让读者轻松了解家居软装重点，并展示家居软装设计过程中的细节。此教材为校企合作成果，由黑龙江林业职业技术学院与北京利丰家具制造有限公司、荣麟世佳（北京）家具制造有限公司联合开发。全书内容充分结合当今装饰市场的实际状况，做到理论与实践相结合。在软装设计的过程中，学习理论知识的同时，建议多增加市场调研、实地参观、动手操作等环节，将知识转为更实际的生产力。本教材在编写过程中，参考并引用了已公开发表的文献资料和相关书籍的部分内容，并得到了许多专家的帮助和支持，在此一并表示感谢。由于编者水平有限，疏漏之处在所难免，敬请广大读者批评指正。

曹俊杰

2019.6.14

目录

项目一 家居软装设计实务

知识目标

1. 了解家居软装的含义、特性。
2. 了解软装设计、家居设计的含义和类别。
3. 了解家居软装设计起源和发展趋势。
4. 了解家居软装设计人员的岗位能力和设计能力。

技能目标

1. 能够运用规范的软装设计术语进行家居软装介绍。
2. 能够分析和阐述家居软装方案的设计途径。
3. 能够制定家居软装设计工程程序和工作流程图。

任务　家居软装设计入门

任务目标

通过本任务的学习，了解室内软装、家居软装、家居软装设计等方面的相关知识，了解家居软装设计人员的岗位能力以及提高设计能力的学习途径，能够运用所学知识进行软装设计流程汇报，并进行评价。

任务描述

通过学习本任务的知识储备部分内容，完成学习性工作任务——软装基础知识的介绍，并能够制定家居软装方案设计流程图。

知识储备

一、室内软装设计

随着经济的发展以及室内设计行业的不断繁荣，室内设计经历了“重装修，轻装饰”到现在“重装饰，轻装修”的过程。其中，离不开我们常说的室内硬装设计和软装设计。硬装设计完成的是室内空间基本使用功能需求，“硬装”完成顶、地、墙的设计，如图1–1所示。室内软装设计既包括商场、卖场等商业公共空间，也包括家居等私人空间，对家具、灯具及窗帘等产品和陈设品在同一空间内搭配设计，“软装”完成氛围的营造，如图1–2所示。

图 1–1 硬装设计

图 1–2 软装设计

图 1–3 家居软装彰显个性

二、家居软装设计

1. 家居软装设计含义

室内空间设计根据使用类型可以分为公共空间室内设计和人居环境室内设计。公共空间室内设计包括办公楼、娱乐厅、酒店等综合商业性室内空间；而人居环境室内设计则主要指住宅室内空间设计，即我们所说的家居空间设计。基于此，可以将室内软装设计类型分为公共空间室内软装设计和家居空间软装设计。公共空间在进行软装设计时，在功能的基础上突出空间感、整体性和流畅感；产品搭配以功能为主，讲究稳重和谐。家居软装设计是指对家居空间进行软装设计，完成功能需求的同时，强调满足个性需求的氛围营造，突出软装饰品搭配，具有亲切感和自然感。

2. 家居软装设计意义

（1）满足功能，强调个性需求

家居软装是室内环境中的重要组成部分，软装产品为人们的日常生活提供功能性服务。如家具可以满足人们坐、卧、休息等需求；灯具可以满足照明需求；床上用品和纺织品等可以提高睡眠的舒适性；窗帘等布艺用于遮挡阳光，调节室内光线强弱以及室内温度；花艺绿植装点室内空间的同时，提高室内含氧量等。这些都是通过家居软装产品的设计来满足使用者的功能需求，家居软装满足功能，彰显个性，如图1–3所示。

（2）塑造空间，注重意境营造

相比室内设计硬装中用“墙”进行室内空间分割，在软装设计中，可以用软装产品来进行室内空间的划分，对室内空间进行软性分割，如中式风格的室内空间可以用“屏风”和“帷帐”等来间隔室内空间。这些陈设品位置可以随意变换，分割自由，配合丰富的装饰图案，可以使室内具有良好的艺术效果和氛围。

在家居软装设计中，利用室内家具可以对动、静空间进行塑造。如在客厅空间，沙发、茶几构成“静”的空间，而沙发、茶几间的部分构成过道，即“动”的空间，由家具进行空间区域的区分，丰富空间层次，也使得空间出现变化。不同色彩、风格、肌理以及材质的软装产品也会体现不同的视觉效果，软装产品和谐搭配，可使得空间产生不同的氛围。如灰色布艺的客厅三件套通常营造出现代感，而暗色的木质客厅三件套可以营造出厚重、文雅的中庸之感，如图1-4所示。

图 1-4 家居软装搭配材质肌理

（3）艺术设计，调节空间氛围

家居软装设计不仅是空间形式与软装产品陈设的搭配，更需要展现整个家居空间的综合性格特征，如奢华、简洁、干练、优雅等。无论空间最后属于哪种性格，在软装的设计过程中都需要对整体的氛围进行把握，运用审美原则进行设计处理，使家居空间具备可感知性，通过视觉引起心理上对不同的氛围、艺术气息的感受，家居软装营造的“小清新”氛围如图1-5所示。

图 1-5 家居软装的“小清新”

三、家居软装设计发展历程与趋势

1. 家居软装设计发展历程

家居空间装饰可以追溯到远古时代，人们用兽骨、兽皮对自己的居住空间进行装饰，这是最早的家居空间软装饰。随着生产力的发展，人们的物质生活水平不断提高，家居空间的装饰也不断推陈出新。中国古代北方室内炕上有席、垫、桌、枕，有屏风、帷帐等分割空间，字画挂墙等，如图1-6所示。而传统西方室内除陈设家具外，还用花品、画品、灯具、雕塑等对空间进行装饰，如图1-7所示。早期还没有明确的“软装”概念，主要根据主人喜好和身份象征来进行装饰。

图 1-6 中国古代室内“软装饰”

软装概念的形成可以追溯至20世纪20年代，现代欧洲兴起软装饰艺术，被称为装饰派艺术，它与欧洲的现代主义艺术运动几乎同时发生，在材料、设计形式上受到现代主义影响，并且在新技术的不断发展和社会的审美意识普遍觉醒下逐渐发展，于20世纪30年代形成了声势浩大的软装饰艺术。此时，设计突出产品的艺术设计，家具、纺织品、陶瓷制品等讲究使用图案丰富、贵重的材料，家居空间将家具、灯光、纺织品等综合摆放以表现设计风格。装饰派艺术形成于第一次世界大战和第二次世界大战之间，受战争影响发展缓慢。直到20世纪60年代后，经济飞速发展，软装设计才逐渐开始复兴与发展。

图 1-7 西方传统室内“软装饰”

中国的家居装饰风格从20世纪80年代的宾馆型和90年代的豪华型向现在的简约型、个性化转变。从设计的角度讲，现在的家庭装饰设计从华而不实、缺乏实用性、一味追求观感和气派的形式主义向追求简洁、舒适、个性化、人性化的实用主义方向发展。

2. 家居软装设计发展趋势

（1）“轻硬装，重软装”理念逐渐深入人心

近年来，随着人们物质生活条件的不断改善，精神需求不断得到重视，使得家居软装饰的装修费用在整个室内装修中所占的比例逐年增大，软装饰品行业也呈现出蓬勃发展的势态。家具、纺织品、灯具业以及室内日常用品行业，种类不断丰富，原创产品越来越多，满足人们个性化需求。

软装饰品易于移动、更换，可以便捷地改变家居空间的设计，也使得它在家居环境中不断受到重视。“轻硬装，重软装”的理念不断普及，软装饰设计以及对软装产品的需求必然会继续呈现上升的趋势。

（2）个性化需求，多元化发展

人们生活水平日益提高，审美观念也不断变化，个性化的需求逐渐成为潮流。在家居软装设计中，打破同一、追求个性、创造一个与众不同的室内空间环境是室内设计的必然趋势。家居软装设计是体现业主文化涵养、兴趣爱好以及生活品位的重要途径，能给人带来新颖、独特的家居感受。

（3）绿色环保，健康可持续

现代城市生活，特别是一二线城市，工作和生活的压力使得人们局限于家居和工作等室内空间，对于自然、绿色、环保的需求逐渐增多。现代家居软装设计中，除体现用户的文化涵养、兴趣爱好、审美需求以外，也强调绿色环保、健康可持续的原则，注重产品质量。陈设品成为必不可少的物品，其线条、造型、材质、色彩等多样化，将成为以个性化、绿色、生态、环保为主题的家居软装饰中的重要角色。

四、软装设计师必备条件及能力

1. 软装设计师必备条件

软装设计的工作是结合了室内设计、家居设计、色彩设计等专业知识的综合性工作，设计过程中需要软装设计师既要有专业设计知识，同时能够认真负责、事无巨细地完成方案设计，具体来看需必备以下条件：

（1）全面的专业知识

软装设计是一个综合性的设计过程，需要掌握包括建筑与室内设计发展史、家具发展史、工艺美术史、建筑设计与室内设计原理、空间设计、设计表达、人体工程学、色彩设计、照明设计、家居装修材料的基础理论知识和设计基础知识，还需要具备一些社交礼仪、音乐等审美方面的基础素养，同时对于家居产品、奢侈品品牌的熟悉也是必修课。

（2）强烈的责任感

家居软装是一个表达空间温馨、美满等效果的过程，需要结合业主的品位、需求等，由设计人员依照工作经验和专业知识来进行设计。在设计的过程中切忌不进行基础调查、访谈就随心所欲进行设计。从方案的设计之初到最后方案验收结束，负责项目的设计人员必须具有强烈的责任感，依照业主需求进行方案设计，设计过

程中出现异议及时解决，忌拖延、推诿。

（3）细致入微的品质

家居软装设计是从最开始的业务接洽到后续方案设计、产品摆场验收等过程，虽然工作过程相对于建筑设计、室内设计等其他设计类工作较为简单，但是软装设计仍然需要设计者能够细致把握方案中的每个细节，例如在摆场的过程中能够把握好产品的位置、数量、搭配等，能够细心掌握好方案细节。

2. 软装设计师必备能力

软装设计的过程是一项综合的任务过程，需要软装设计师能够进行从设计到摆放方案的过程，将室内设计、家具设计、灯光设计等多方面的设计综合运用，并完成家居软装最后的产品摆放。因此，应该具备以下能力：

（1）软装配饰项目整体操作能力

能够结合业主需求，进行家居软装方案整体设计的能力，能够判断、筛选业主基本信息，进行初步成交；首次空间测量，进行定位方案设计，并进一步制作、细化设计方案和详细报价预算；最后进行产品进场，分步验收与综合摆场。

（2）软装配饰设计方案制作能力

家居软装方案制作的过程中，能够结合定位方案，进行详细的配饰方案设计。在定位方案中能够对色彩、风格、家居空间规划等进行设计；在细化方案中能够对家居空间中的产品如家具、布艺、灯具等产品元素进行搭配设计，完成细化方案。

（3）软装配饰元素了解运用能力

在软装方案设计的过程中，能够对色彩元素、风格元素进行解析，并在家居空间中熟练运用这些元素，塑造家居空间的整体效果。结合空间整体效果，选择软装产品，并能够熟练运用家居产品的造型结构、装饰色彩和材质特性等元素。

（4）软装配饰元素综合摆放能力

完成方案制作需要对软装产品进行合理运用，并能够结合造型形式美原则进行家居产品的搭配与摆放，使家居产品间能够协调统一，软装产品在种类、数量上合理，搭配摆放规范，形成具有功能性和装饰性的家居空间效果。

五、家居软装设计基本工作流程

家居软装设计的基本流程如图1-8所示，主要包括获取客户信息、项目分析、注意事项、方案设计、产品备货、复尺和摆放以及验收。对于软装设计师来说，前五项工作最为重要。

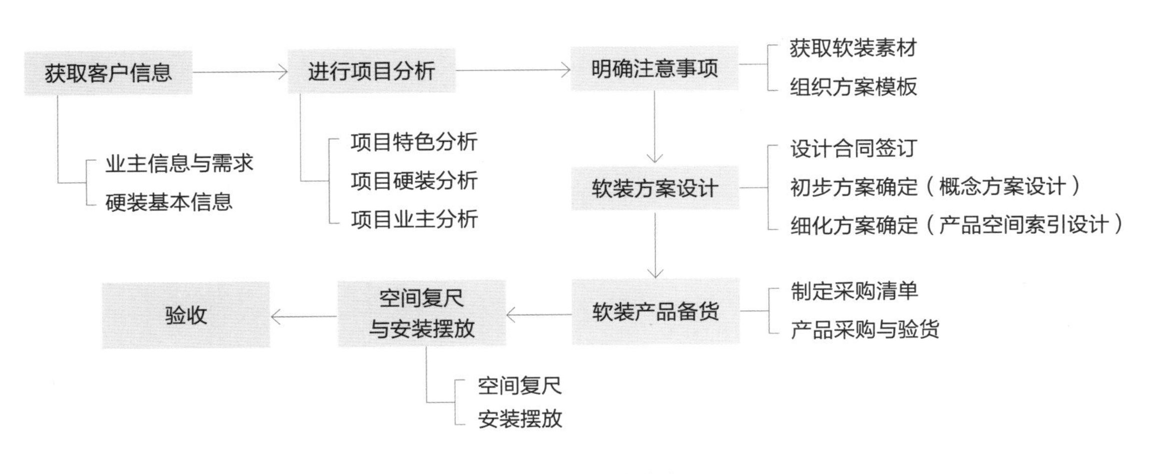

图 1-8 软装项目操作流程

1. 获取客户信息

软装设计作为建筑设计中的重要内容，与家居空间硬装密不可分，建筑项目操作流程如图1-9所示。从建筑项目操作流程中可以看出，软装设计是建筑项目中的重要环节。现代家居空间的需求不断增加，设计过程中要将软装与硬装进行结合，首先进行业主信息的获取，具体如下：

（1）业主信息与需求

要对业主的生活、工作、兴趣爱好以及社会地位等能够进行基本的了解，业主对家居空间风格、色彩等方面的基本喜好以及家居空间的基本功能需求等，对于业主提出明确要求的进行记录，特别是对于布艺等软装产品有明确要求的，便于后续的基本方案定位能够满足业主的喜好和需求。

（2）硬装基本信息

硬装信息包括硬装设计的效果图、硬装的平立面图和施工图，从硬装设计效果图可以确定设计的家居空间基本陈设，便于后期的软装设计。根据硬装的平面图和施工图可以确定实际施工中的信息，确定家居各空间尺寸、门窗的大小和基本位置、墙面和地面的铺设情况等。在施工图中有详细的尺寸，方便后续过程中对于软装产品的摆放位置进行设计。

2. 进行项目分析

（1）项目特色分析

进行项目特色分析时，需要明确家居软装的风格、色彩的需求，不同于酒店、餐厅等公共性商业空间，在进行家居软装设计的过程中，需要着重表达出空间的功能特征和业主个性化需求，在产品的选择上以功能性为主，参考动线设计规划进行装饰设计，着重软装的视觉效果、陈设文化以及流行趋势展示。

（2）项目硬装分析

项目硬装分析主要通过业主提供的CAD图了解家居空间的尺寸、结构、施工方案和施工材料，如图1-10所示。同时，在项目硬装分析过程中需要对家居空间进行实地考察，除确认空间内尺寸外，对于天棚、地面、吊顶、门窗框等硬装材料的色彩、风格基调等确认，便于结合硬装材料进行软装材料、色彩和质感的设计，使整个室内空间硬装与软装设计和谐，同时对于硬装中出现的问题可以经过软装设计进行弥补。

（3）项目业主分析

沟通过程中需要了解业主的受教育程度、工作性质、兴趣爱好以及对软装及软装公司的态度，家居空间的软装需求等。在进行家居软装设计的过程中，切忌在不了解业主的基本情况下进行设计，这样既不能为业主进行准确的定位，也无法满足业主的真正需求。可以在此项目分析的过程中制定软装项目任务书，详细软装计划。

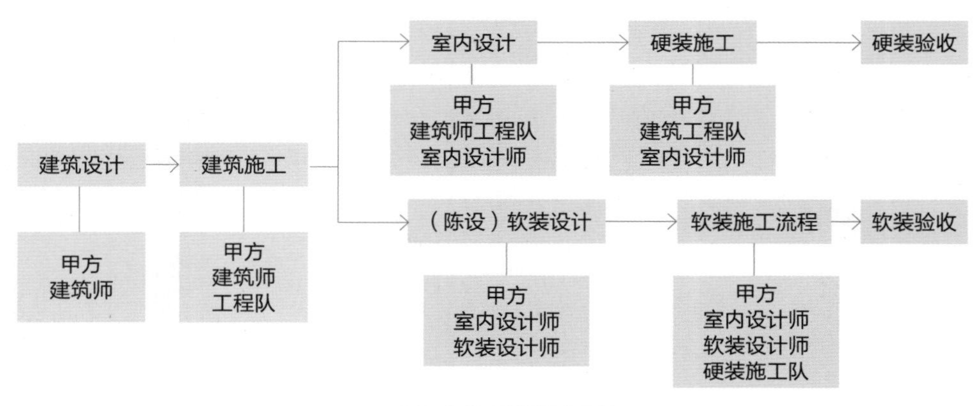

图 1-9 建筑项目操作流程

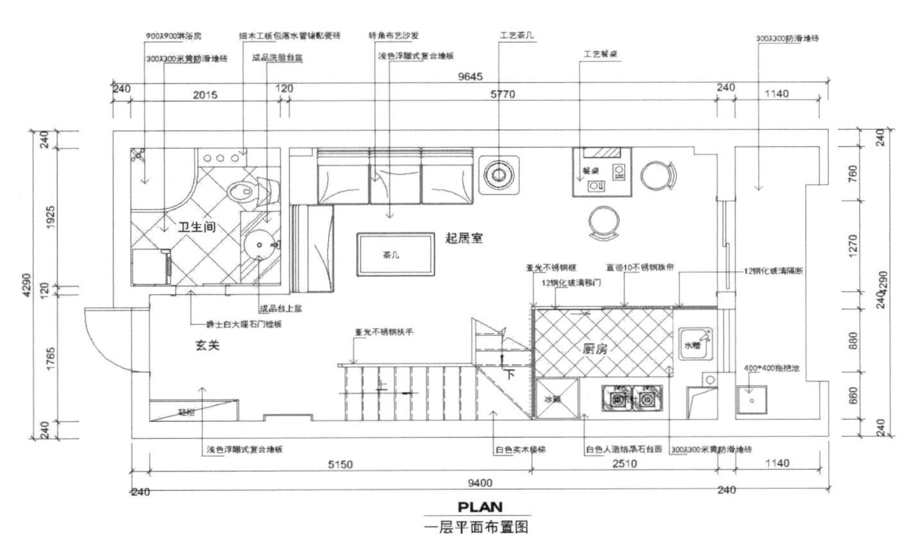

图 1-10 家居平面图

3. 明确注意事项

（1）获取软装素材

在进行软装设计的过程中，需要设计者能够不断积累软装素材库并及时进行更新，能够将软装素材进行分类和规划，方便后续进行方案设计。可以通过网络搜索、参加展会、厂家合作、自建素材库完成软装素材库的建立。

（2）组织方案模板

在进行软装方案汇报的过程中，应结合业主的特征选择适合的软装模板，模板的选择一方面要能表达出设计意图，另一方面要让业主能够直观地感受设计内容。通常设计方案模板要有封面、内容和封底。

封面应该有项目名称、公司名称和logo（标志设计）。在软装模板项目名称的选择过程中，要有项目地点、楼盘等信息，还要结合设计的内容确定设计的主题，然后为项目确认主题名称，在吸引业主的同时也能保证方案的完整性。模板内容需要展示出软装的总体设计、主题设计区、产品空间索引和细节展示等。总体设计需要确定软装方案的整体色调，能够展示出软装设计整体的视觉效果。主题设计展示某一家居空间，以家具为主，进行灯具、布艺、饰品、花艺等设计，突出空间的设计风格。细节展示是整个方案模板设计中的重点，确保版面的整洁、清晰，字体美观、准确，行文注重行距等细节，应选择高清图片。

在组织方案模板的过程中，应确保整个版面整洁美观、方案主题表达明确、图片清晰美观、文字简练精确等，使业主能够直观地理解软装方案的内容。

4. 软装方案设计

实际软装设计过程主要包括如下内容：设计合同签订、初步方案确定和细化方案确定。

（1）设计合同签订

软装方案设计过程中需要签订设计合同和购置产品合同，软装设计的不同阶段需要签订上述两种合同，在与业主探讨空间尺寸、色彩、风格特征等之后，确定初步方案，此时需要签订设计合同。在初步方案确定后进行具体的计划方案制定，需要明确设计方案中家具、灯具、饰品、布艺等软装产品的类别、数量、价格等，此时需要签订的就是产品合同。这两类合同的签订确保了软装设计后续的顺利进行。我们在后续章节详述合同内容、制定预算及合同签订的注意事项。

（2）初步方案确定（概念方案设计）

初步方案确定是指在了解业主基本信息和基本要求之后，制定的初步方案，要求在初步方案中能够结合已有的硬装设计为业主设计出软装方案。在初步方案中能够确定的内容有业主的基本生活方式与需求、空间基本的色彩方案、风格方案以及结合功能空间的软装产品需求。在初步方案确定的过程中需要软装设计者能够对业主进行准确定位，进而设计出方案。在与业主沟通确定初步方案后，即可与业主签订设计合同。我们在后续章节详述合同内容、制定预算及合同签订的注意事项。

（3）细化方案确定（家居软装产品空间索引设计）

在与业主确定好初步方案后，需要进行详细的细化方案设计，在细化方案中需要明确各个空间的基本功能，结合功能空间、风格、色彩进行软装产品的搭配。在细化方案中需要体现出空间中家具、灯饰、布艺、画品、花品等产品种类、摆放的位置以及数量，在与业主沟通后确定细化方案，对细化方案中的产品进行数量、种类、价格、品牌等确认，再与产品的生产厂家等签订产品购置合同或者定制合同。

5. 软装产品备货

（1）制定采购清单

软装设计中的产品种类很多，不同空间对于产品的种类和需求也有所不同，需要将各类产品进行分类统计，将家具、灯具、布艺、饰品等产品列出采购表。之后制定采购顺序，以家具、灯具、布艺、饰品等顺序进行采购。其中，对于软装产品应该明确选择的是成品还是定制产品，如果采用定制产品则需要明确定制周期等，防止影响设计方案的顺利进行。

（2）产品采购与验货

在软装设计项目中，对于软装产品的采购宜先难后易、先大后小的顺序，先确定家具，再根据家具选择布艺、灯具，最后是画品、花品等装饰品。因家具产品的种类较多，特别是定制家具在生产、运输的过程中时间较长，就可以利用家具配货、运输的时间采购灯具、布艺等其他软装产品，缩短采购周期。软装产品出厂前，除工厂的质量检测外，设计师也要进行软装产品的验收，确保质量。特别是家具产品，体积较大、种类较多，要确保家具结构坚固、表面光洁美观。

6. 空间复尺与安装摆放

（1）空间复尺

软装产品出厂或送到现场时，需要对家具空间进行复尺，即将确定的家具、布艺等产品的尺寸在现场进行核定，如发现问题可以及时进行调整。复尺是产品进场前的重要步骤，需要测量家具的基本尺寸，检查布艺产品是否与家具配套，床品、窗帘、桌旗、地毯等要与家居空间相符合。

（2）安装摆放

安装摆放应结合设计方案，按照从大到小、从难到易进行安装调整，按照软装材料、家具、布艺、画品等顺序进行调整摆放。产品到场后，设计师需要参与摆放。注意，软装配饰产品的安装与摆放不是单纯的产品堆砌，要注重家居空间氛围的营造，产品组合摆放要考虑主人生活的实用性和装饰性。

六、家居软装概念方案设计

在软装方案设计中概念方案是重要的步骤，是决定软装方案能否顺利进行的关键环节。家居软装概念设计即软装初步方案设计，在这一设计过程中主要进行生活方式定位、家居色彩定位、风格定位和平面流线规划，具体如下：

（1）生活方式定位

在软装概念方案设计时，对于生活方式进行定位，需要结合业主及其家庭的日常生活，包括衣、食、住、行以及休闲娱乐、接人待物等活动方式，以及其家居空间的劳动、消费和精神生活活动方式的特征，确定业主家居空间的基本格调，便于在后续的色彩、风格以及软装产品的选择上能够符合业主的生活品位。生活方式定位如图1-11所示。

（2）家居色彩定位

在软装概念方案设计中进行色彩定位时，需要结合硬装的天棚、墙面、地面色彩情况，结合业主个人喜好，进行色彩搭配。在进行色彩定位设计的过程中，结合空间的背景色、主体色和点缀色，参考业主生活方式及色彩情感特征，按照基本的配色原则进行色彩搭配并注意流行色的运用。家居色彩定位方案如图1-12所示。

（3）风格类型定位

在软装概念方案设计中，风格不但影响整个空间的视觉效果，选择的软装产品细节也有所不同。软装设计风格受建筑影响，在室内设计、家具设计以及工业设计上来体现特征，在进行家居软装风格定位方案设计时，应以业主的生活方式为基础，并参考当下流行趋势，结合整个家居空间的风格进行设计。风格定位方案如图1-13所示。

（4）平面动线规划

在软装概念方案设计中，应对家居空间进行功能分区和动线规划，进而布置家居产品。所谓动线就是指家居空间中业主活动的基本轨迹，也称为流线。流线的设计会影响家居空间中产品的摆放，科学合理的流线规划可以使家居空间的利用更加高效。所以，良好的动线规划会影响家居空间中软装设计的效果。家居空间平面动线规划如图1-14所示。

图 1-11 生活方式定位方案

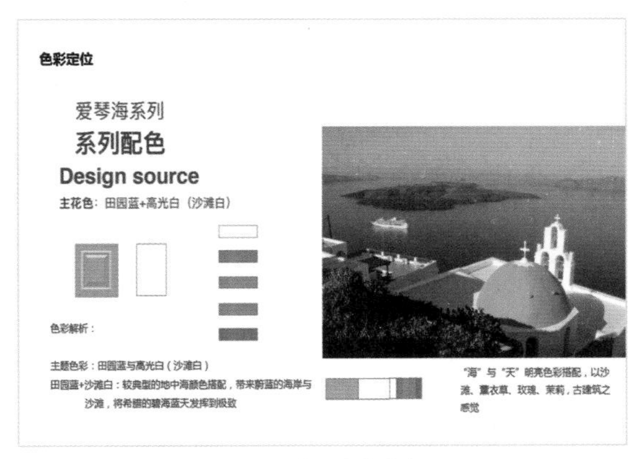

图 1-12 色彩定位方案

图 1-13 风格定位方案

图 1-14 平面动线规划

七、家居软装产品空间索引设计

家居软装产品空间索引设计即软装细化方案，是针对家居空间的功能和流线配置软装产品和摆放位置。在进行产品空间索引配置时应该确认家居功能空间、软装的产品类别以及制作产品索引图，具体过程如下：

（1）家居空间类型

应根据空间类型进行软装产品设计。从家居空间的使用功能上来看，可以分为起居室、卧室、儿童房、书房、厨房、餐厅、玄关、廊厅等，空间的功能不同，选择的主体家具不同。同时，不同空间在软装产品材质、种类造型上也有所不同，因此，结合空间功能和风格进行产品的选择。

（2）软装产品类型

在软装产品空间索引设计时要先确认软装产品的类别，在此阶段进行家居软装设计，可以将软装产品分为家具、灯具、布艺、花品、画品、饰品、用品与收藏品八大类，这几类软装产品并不是说在家居空中堆得越多越好，而是要结合空间类型选择合适的种类、材质和造型来进行软装设计。

（3）产品空间索引

为了避免家居软装设计中产品无序、过多堆放，就需要对家居功能空间的软装产品进行空间索引设计，针对家居功能空间确定软装产品的种类、数量、摆放位置等，便于业主能够理解在家居空间出现软装产品的基本效果。产品索引设计以平面图为基础，结合家具进行配置，产品空间索引示例如图1-15所示。

八、家居软装产品摆放设计

家居软装产品摆放设计，即在软装产品验货后，将其摆放在家居空间内。此时需要注意两个环节：确认软装产品和产品摆放设计，具体如下。

（1）确认软装产品（数量、种类）

在产品验收后需要运输到业主的家中，在进行摆放之前，要确认每个空间的产品种类和数量，确保摆放工作的顺利进行。依照产品细化方案核对产品的种类，家具、布艺确认种类、材质和造型，花品、画品、饰品等确认数量。

图 1-15 产品空间索引

图 1-16 产品摆放设计

（2）产品摆放设计

对产品摆放设计是软装方案设计中能够呈现最终结果的环节，因此需要进行良好的设计。除按照流线规划布置好的家具外，还需要以家具为中心进行软装产品的摆放，按照软装产品摆放的原则进行设计，注重空间审美特性的表达。在摆放设计完成后，注意检查产品的功能性、完整性和美观性，确保安装现场干净整洁，如图1-16所示。

任务实施

通过知识储备内容，以个人为单位制定软装方案流程图，并了解软装设计师的必备条件及能力。

总结评价

对制定的软装方案流程进行评价。

思考与练习

1. 了解室内软装的含义和特性。
2. 了解室内空间软装设计，了解家居软装设计的含义、类别及家居软装设计的意义。
3. 了解家居软装设计起源、发展趋势。
4. 了解家居软装设计人员的岗位能力和软装设计的基本内容。

巩固与拓展

国内外家居软装设计公司品牌调研。

项目二 家居软装概念方案设计

知识目标

1. 了解家居软装概念方案设计的基本内容。
2. 了解家居软装生活方式的类别。
3. 了解家居软装色彩的搭配设计。
4. 了解家居软装的风格类型。
5. 了解家居软装的平面流线规划方法。

技能目标

1. 能够根据业主需求进行家居软装概念方案设计。
2. 能够根据不同业主类型进行家居软装生活方式定位方案设计。
3. 能够根据不同业主的生活方式进行家居软装的色彩定位方案设计。
4. 能够根据不同业主的需求进行家居软装的风格定位方案设计。
5. 能够根据不同的户型特征进行家居平面流线规划方案设计。

任务一 生活方式定位

任务目标

通过本任务的学习，学生能够了解现代家居居住形式的类别和现代家居功能，独立完成生活方式定位方案设计，对生活方式的种类进行分析，学会选用生活方式图片进行搭配设计，制定生活方式定位方案。在此过程中逐渐提高学生资料收集与应用、专业表达与答辩的能力，逐步提升学生发现问题和解决问题的能力。

任务描述

通过学习本任务的知识储备部分内容，完成学习工作性任务——家居生活方式定位方案设计。学生以小组为单位，能够对业主信息进行分类处理，根据业主的生活习惯、工作方式以及休闲娱乐方式等，对其进行生活方式定位，并制定定位方案。

知识储备

一、生活方式

狭义的生活方式指个人及其家庭的日常生活的活动方式，包括衣、食、住、行以及闲暇时间的利用等。从广义上说，生活方式是指人们一切生活活动的典型方式和特征的总和，包括劳动生活、消费生活和精神生活（如政治生活、文化生活、宗教生活）等活动方式。家居软装设计的过程中，主要采用狭义的定义，由生产方式所决定，通过业主的衣、食、住、行、休闲娱乐、兴趣爱好和工作等来进行生活方式的定位。对于生活方式进行定位，可以方便后续对软装色彩、风格、空间规划等进行精准确定，“量体裁衣”为业主进行针对性的软装方案设计。

1. 消费方式分析

按照美国心理学家亚伯拉罕·马斯洛1943年在《人类激励理论》论文中所提出的人类需求理论，可以将人类的需求分为生理需求、安全需求、社交需求、被尊重需求和自我实现需求，如图2-1所示。根据不同需求，所对应的社会阶层及对生活要求也有所不同。早期在软装设计的过程中，会将人类需求与社会阶层划分，即满足生理需求的温饱阶层；满足安全需求的小康阶层，如工薪族等；满足社交需求的中产阶层，如白领、普通公务员、教师、私营企业主、中级专业人士等；满足自我实现需求的富豪阶层，即财务实现完全自由。

现代家居生活中，进行软装设计的消费人群主要以中产阶层、富裕阶层和富豪阶层为主，这些阶层人群在衣、食、住、行、娱乐等方面不同。中产阶层讲究品位，然后是品质、舒适，最后才是品牌；而富裕和富豪阶层，注重先品牌，后舒适，再是品质，最后是品位，他们更多的是定制服装。消费理念的不同，对于衣、食、住、行等生活方式也有所不同。例如，对比中产和富豪阶层来看，对于生活方式的区别如表2-1所示。了解业主在衣、食、住、行等方面的消费情况对于生活方式定位方案至关重要。

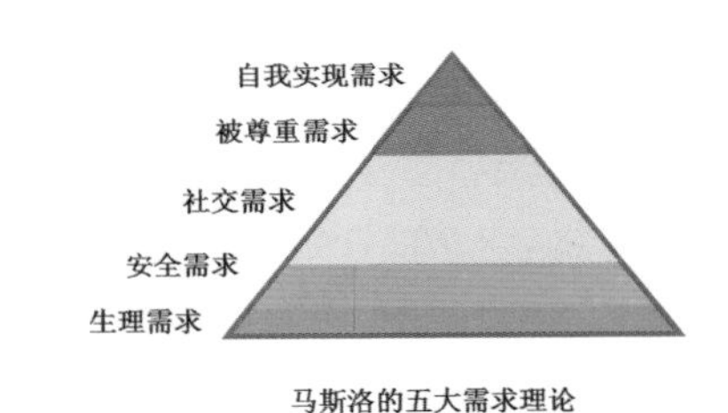

图2-1　马斯洛的人类需求理论

表2-1　不同阶层日常生活区别

日常生活	中产阶层	富裕阶层
衣	舒适、品位、品牌	品牌、舒适、品质、品位、定制
食	家用餐为主，相对规律	家用餐、西餐等，注重品质
住	只买对的不买贵的，口碑好的小区	注重投资，公寓、别墅
行	代步工具，两辆中级以下轿车	品牌为主要要素，两辆以上轿车等
工作	高级打工、中级专业人士或拥有15人以下的私营企业主	自己支配工作时间，拥有15人以上员工
休闲娱乐	喜聚会、集体出游（旅行社）、自助游、艺术活动	拥有独家方式、私人会所或俱乐部
接人待物	礼尚往来，大众礼仪	有特定的社交圈活动，有特定礼仪要求

2. 居住方式分析

现代城市生活中主要有群租、合租、小户型、大户型、别墅、祖传住宅几类，软装设计主要针对小户型（高级公寓）、大户型和别墅为主。在居住空间和生活要求上有所差异。

群租形式的住房是多数人共同使用空间，其中，客厅、厨卫等均为公共空间，缺少私密性，主要是低收入人群、集体式宿舍等住宅形式，满足休息、洗澡和如厕等基本生理需求。现代年轻人出行形式多样，群租的居住方式也出现在民宿、胶囊旅馆、集装箱旅馆等，使得群租式的居住形式在使用功能上增强并且具有装饰性，如图2-2所示。

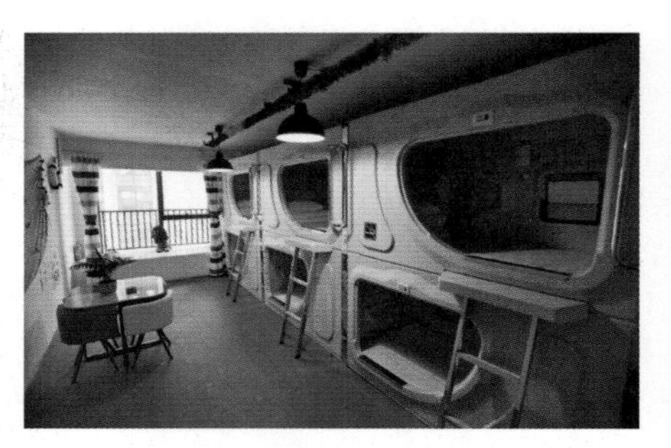

图 2-2 胶囊公寓

合租式居住形式主要指几个人一起租住一套房子。合租房在上海、杭州、北京、广州、深圳等地较为普遍，有多种形式，如单间合租、床位合租，居住空间功能、装饰上均以家庭生活需求为主。近年来，合租房的发展趋势是市场化、概范化的经营，居住环境也有所改善。

图 2-3 大户型客厅设计

单身公寓又称白领公寓或者小户型公寓，是建筑面积较小的一种房型，其主要特点为较多在市中心较繁华的位置，面积偏小（20～50m^2），功能齐全（厅、卫、厨房等）。室内采用统一装修，有些还预先配备日常家电，可即买即住，配套设施及物业管理周到完备。

图 2-4 别墅室内设计

小户型住宅，住宅户型中建筑面积在60m^{2}左右，卧室和客厅没有明显的划分，整体浴室，开敞式环保节能型整体厨房。小户型以其经济实惠的特点，在现代社会高涨的房价中，越来越受人们的青睐。

大户型住宅，建筑面积140m^{2}以上，住宅户型建筑面积大、容积率较低的住宅户型。大户型住宅形式在户型上有平层、跃层、错层、复式等。大户型住宅在家居空间的功能更加完善，如配备老人房、客房、保姆房、娱乐室等，同时，功能空间尺寸相对小户型住宅更加宽敞，在设计上也以大气、宽敞为特点，如图2-3所示。

别墅，改善型住宅，在郊区或风景区建造的供休养用的园林式住宅。形式上分为联排别墅和独栋别墅。联排别墅，指由几幢二层至四层的住宅并联而成有独立门户的住宅形式。别墅是用来享受生活的居所，与外部环境组成统一化的空间。别墅空间在设计上更加宽敞，如图2-4所示。

从别墅消费需求的角度可以大致分为：居家生活型别墅，就是把别墅作为第一居所需求；度假型别墅，也就是两套房，一套在市区，一套在郊区，5天在市区，2天在郊区，以假期休闲的形式生活；出租型别墅，北京、上海等经济发达地区较多；旅游型别墅，在旅游风景区或者度假区建造的带有经营性质的别墅。

祖传住宅，祖辈显赫大家族，祖传下来的大宅，或少数民族住宅等，但存有数量不多，例如四合院、少数民族住宅以及国外的城堡等，这类住宅多数出租成为展览或公司旅游使用，如图2-5所示。

图 2-5 民宿室内设计

3. 生活方式解析

生活方式解析，即从业主的基本生活情况进行了解，获得业主在衣、食、住、行、休闲娱乐、接人待物上的特征，通过生活方式解析，对业主的生活进行了解。主要以高品质生活方式为主线，从整体空间（家居）设计角度入手，结合色彩、风格、格调氛围营造，把家具、布艺、灯具、饰品等装饰元素合理化组合，使室内空间（家居）得到升华，以满足使用者（客户）物质和精神双层需求。

“软装饰”更可以根据居室空间的大小、形状，主人的生活习惯、兴趣爱好和经济情况，从整体上综合策划装饰装修设计方案，体现主人的个性品位，而不会千“家”一面。如果家装太陈旧或过时了，需要改变时，也不必花很多钱重新装修或更换家具，就能呈现出不同的面貌，给人以新鲜的感觉。在生活方式解析的过程中，要能够通过家居饰品的品牌、风格等为业主展现未来方案的特征，为业主定位符合品位和生活习惯的家居氛围。

二、客户需求

了解客户需求是进行软装设计概念方案中生活方式定位方案设计以及后续的细化方案的基础，通过与客户的沟通，至少需要获得以下几个方面信息。

1. 客户基本信息

要与客户进行沟通，获得客户的基本信息，包括客户家装相关资料及客户的要求，客户家庭基本信息，如客户的家庭成员数量、年龄、性别、个人爱好、生活习惯、职业、风格及色彩、小区信息、联系方式等，业主喜好色彩、风格偏好，受教育程度等相关的业主资料。

2. 功能需求

家居空间最重要的作用就是使用功能，在进行客户需求调查的过程中，要了解业主对住宅空间的功能需求，从客户的功能需求出发，在设计中能够尽可能地满足客户所想与所需。在家居空间业主除基本的功能需求外，如会客、餐饮、睡眠等，是否还有其他需求，如家庭健身、储物间、衣帽间、工作室等。

3. 设备需求

要了解家居空间内的一些设备情况，如在家居空间内供水要求、强电要求、供气要求、照明采光要求、设备要求，温度调节、安全保卫系统等。电力系统、供水排污、安全保卫系统的重要性，在设计过程中不得忽视。

4. 空间需求

家庭成员对家居空间使用的需求，除了对于客厅、卧室、厨卫等基本功能空间进行了解外，还要确定家庭成员是否有其他需求，综合考虑空间需求，例如，业主有家庭办公的需求，在设计的过程中就需要有家庭办公的书房空间；小朋友年龄较小，可以在儿童房增加玩耍空间的面积等。要在需求分析的过程中了解每个家庭成员的爱好与需求，并对家居空间进行综合考虑。

5. 方位与朝向

了解住宅区域的地点，住宅的基本信息，家居空间的面积、层高、居室分割等基本情况。根据家居空间的方位与朝向，结合

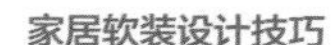

住宅的情况，根据日照、地形、风向和视野，规划各个房间的最佳用处，例如主卧和客厅尽可能南向。

6. 建筑结构状况

根据业主住宅结构特征进行设计，了解住宅的形式：独栋、平层还是复式等。根据建筑结构特征，在后续软装产品的选择上能够更加精准，例如客厅空间为loft的层高较高部分，在软装饰品的选择上则以增加竖向高度产品，如吊灯、大幅面挂画进行装饰，延伸空间感。

7. 业主软装偏好

通过业主需求调查，了解业主是否有明显的家居软装色彩、风格的偏好，能够使家居空间中的定位方案更为准确，后续的产品细化方案也能够一步到位，精准定位风格和色彩，进而选择准确的软装产品。

三、生活方式定位方案要求

1. 简明阐释业主衣、食、住、行

进行软装生活方式定位方案设计时，要能够找出业主在衣、食、住、行上的特点，并且能够用简单、准确的语言将业主的生活情况、基本信息和软装需求表达出来。

2. 精准概括业主生活方式

要精准概括业主的生活方式，能够用文雅和精简的词汇概括出业主的生活方式特征，避免长篇大论，抓不住设计表达的重点。

3. 对业主生活方式予以肯定

对业主的基本生活方式要能够予以肯定，获得业主的共鸣。在现代家居生活中，不同的生活习性和兴趣爱好会产生不同的生活方式，设计者要能够对业主生活方式进行肯定，进而获得业主的信任。

4. 明确风格、色彩的基本方向

在生活方式定位方案中，要根据与业主的沟通，获得业主在风格和色彩上的偏好，在此基础上进行初步的家居色彩和风格的定位，通过软装饰品、家居材料等细节展示软装设计的专业性。

5. 定位方案设计精美、简练

制作的生活方式定位方案要精美、简练，要突出软装方案的设计，能展示出设计人员软装设计的专业性，无论是在生活方式定位方案中还是在概念方案设计和细化方案设计中，方案设计都应该精美、细致，避免过多的文字赘述。

任务实施

布置学习任务

本次任务结合给定的业主基本信息，完成下列信息采集，如表2-2所示，并进行业主生活方式定位方案设计。

表 2-2 配饰项目客户信息采集表

家庭成员	男主人	女主人	子	女	长辈	长辈	家庭服务员
年龄							
职业							
宗教信仰							

续表

家庭成员		男主人	女主人	子	女	长辈	长辈	家庭服务员
居家作息时间	晨起							
	就寝							
	餐饮习惯							
	……							
居家爱好	读书							
	写字							
	绘画							
	聚会							
	……							
居家运动方式	棋类							
	瑜伽							
	球类							
	……							
其他习惯	服装数量							
	饮食习惯							
	社交圈子							
	品牌喜好							
	生活经历							
	色彩喜好							
	风格偏好							
	……							
备注	第一次洽谈：							
	第二次洽谈：							
项目名称：								
项目地址：								
联系方式：								
配饰设计师：								
支持人员：								

总结评价

对制定的家居定位方案，结合业主基本信息对定位方案进行评价。

思考与练习

1. 业主消费方式有哪些？
2. 住宅的基本类型有哪些？
3. 生活方式定位方案的基本内容有哪些？

巩固与拓展

1. 国内家居软装产品的品牌调查。
2. 住宅小区基本情况调查。

任务二　家居色彩定位

任务目标

通过本任务的学习，学生能够了解色彩的基本知识，色彩搭配的相关知识和色彩适用性等相关知识，能独立完成家居色彩定位方案设计，能够运用色彩知识进行不同风格空间的色彩搭配设计，并能够表达色彩的情感。在此过程中逐渐提高学生资料收集与应用、专业表达与答辩的能力，逐步提升发现问题和解决问题的能力。

任务描述

通过学习本任务的知识储备部分内容，完成学习工作性任务——家居色彩定位方案设计。学生以小组为单位，能够对业主信息进行分类处理，根据业主的生活方式定位方案，对其进行客户家居色彩定位方案设计，并进行讲解。

知识储备

一、色彩的基本理论

1. 色彩

太阳光是一种电磁波，电磁波的振动频率不同形成了不同的波长，也就产生了不同的光波，光波中只有一小部分可以被人眼所感知，我们称这一段波长的光波为可见光。其中，红色光作为波长最长的可见光，波长大约是700nm；紫色光作为波长最短的可见光，波长大约是400nm。在可见光线外还存在肉眼无法感知的光线，如波长低于400nm的紫外线和波长高于700nm的红外线等，如图2–6所示。人类感受色彩，即通过太阳光照射在物体表面，反射的光形成色彩，如图2–7所示。

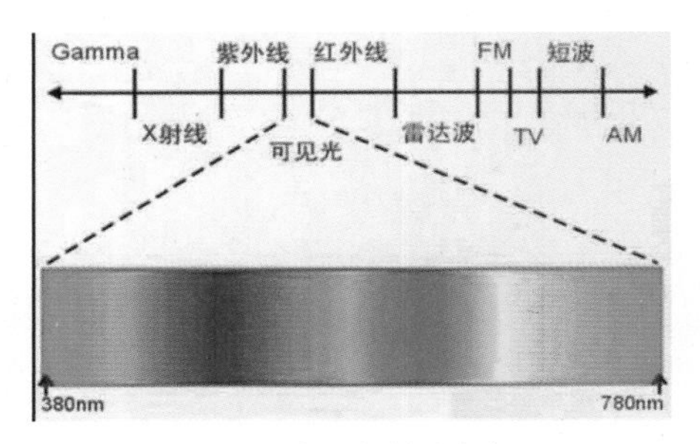

图 2–6　可见光波长与颜色

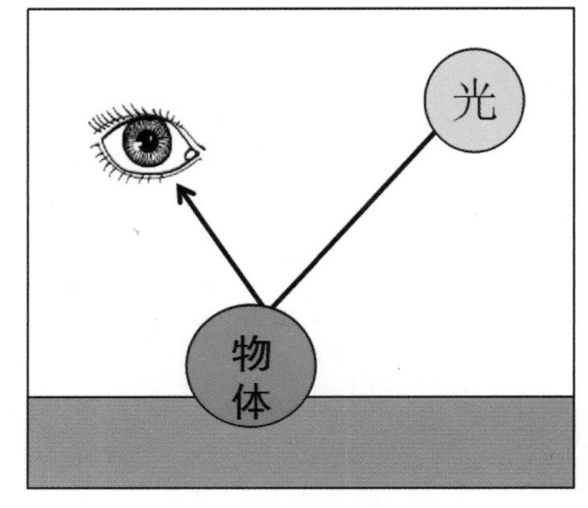

图 2–7　人类看到色彩过程

2. 色彩属性

色彩的三个属性分别是色相、明度和纯度。

（1）色相

色相指色彩的相貌，是眼睛对色彩的感觉。在可见光谱上，人眼能够感觉到红、橙、黄、绿、蓝、紫等色彩，如图2–8所示。我们为了更好地发现色彩之间的规律，将色彩进行了划分，首先我们将不能够通过其他颜色混合而得到的红、黄、蓝三种颜色定义为原色。

原色不能通过其他色彩混合得来，但将原色混合可以得到其他任何颜色。我们将两种原色混合得来的色彩称为复色，包括红色与黄色混合得到的橙色、黄色与蓝色混合得到的绿色以及蓝色与红色混合得到的紫色。通过这种方式绘制十二色色相环，进而获得三十六色色相环，来更直观地了解它们之间的关系，如图2–9所示。由图可见，色相环中心部分分别是三个原色以及它们两两混合后产生的间色，外圈是这些色彩排列而成的圆环，体现了色彩之间的过渡关系。需要提出的是黑、灰、白这三种颜色不在光谱内，我们称之为无彩色系，在色相环中也无法体现出来。

图 2-8 人类感觉自然色彩

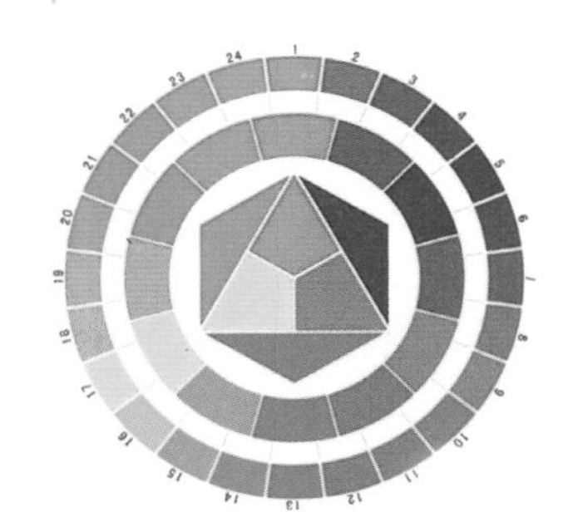

图 2-9 三十六色色相环

（2）明度

明度指色彩的明亮程度，通常由色彩受光的影响来决定。同样的色彩，照度高的时候明度就高，最高时接近于白色；照度低时明度就低，接近于黑色。所有光谱色都可以通过改变色彩的明度使色彩效果发生改变，如我们在一个色彩中加入白色，色彩的明度就会提高，高明度色给人干净、柔和的感觉；反之加入黑色，色彩明度就会降低，低明度色给人暗淡、古旧的感觉。明度变化如图2-10所示。

图 2-10 红色明度变化

图 2-11 红色饱和度变化

（3）纯度

纯度指色彩的纯净程度，又称色彩的“鲜艳度”或“饱和度”。通常我们认为色彩的纯度越高越鲜艳，纯度越低越朴素。高纯度色对视觉的刺激性强，给人醒目、活泼、激烈的视觉效果；低纯度色对视觉的刺激性弱，给人平静、衰弱、暗淡的视觉效果。在一个高纯度色中加入灰色就会降低色彩的纯度。红色饱和度变化如图2-11所示。

3. 色彩效应

在日常生活中，色彩不只起到装饰环境的作用，同时，色彩也在进行着一些信息或意向的传达。色彩能够传达消息，影响人的心理，让人产生联想，这就是我们所说的色彩效应，性别的色彩效应如图2-12和图2-13所示。

图 2-12 男性的色彩效应

对应以上阐述，我们可以将色彩效应细分为三个部分，即色彩的语言效应、色彩的心理效应和色彩的联想效应。

（1）色彩的语言效应

色彩的语言效应主要是利用人们在社会生活中一些约定俗成的色彩语言，借此简明直接地传达信息或指令。如之前我们提到的红绿灯，就是人们一致将红色定义为危险、禁止的色彩，绿色被定义为安全、可以通行的颜色，而黄色则被定义为警告、需要提高警惕的色彩。除红绿

图 2-13 女性的色彩效应

灯外，一些公共场所内或道路两侧的告示牌、警示牌、路标、交通标志等，也都运用了这样的色彩语言，以此达到传递指示信息、下达指令等目的。

（2）色彩的心理效应

色彩的心理效应是利用不同色彩的不同波长对人的心理乃至生理产生的影响，以此让人们产生共鸣，从而达到营造和渲染氛围、优化环境的作用。如绿色给人感觉清新舒适，贴近自然，让人放松，同时绿色光的波长对眼睛有保护作用，因此，一些环保产品或无公害食品都偏向采用绿色包装，以吸引顾客；又如蓝色给人感觉清凉、舒爽，因此，炎炎夏日人们更倾向于穿蓝色的衣服或在蓝色的空间里避暑。

（3）色彩的联想效应

色彩的联想效应主要是利用人们在已有生活经验中对色彩的印象进行一些概念表述，比如提起蓝色，就会想到大海、蓝天，这些是具象的联想，再进一步联想可以是在蓝天自由翱翔，在大海上无拘无束地漂泊……这些是抽象的联想，设计师可以根据这些联想在配色设计中传达自己的理念或意图，有时甚至可以营造出让人无尽遐想的具有趣味性的空间配色。

色彩效应必须是普遍性的，能引起共鸣的效应。另外，同一色相改变明度或纯度时，也会产生色彩效应的改变，比如深红色让人联想到成熟稳重的女性，而粉红色则是年轻有活力女性的象征……需要大家进行针对性的分析和运用，不可一概而论。

我们将常见色的色彩效应进行总结，如表2-3所示。

表 2-3 色彩效应

色彩名称	色彩的语言效应	色彩的心理效应	色彩的联想效应	
			具象联想	抽象联想
红	危险、禁止、喜庆	温暖、热情、活泼、酷热、兴奋、刺激、喜悦	火、苹果、血、太阳、辣椒、灯笼	吉祥、喜庆、革命、危险、热情、进步
橙	丰收、喜悦	温暖、热烈、兴奋、明亮、华丽	橙子、果汁、秋天、南瓜	甜蜜、自由、健康、快乐
黄	警示	光明、温暖、华贵、诱惑、热情、酸甜、幸福、快乐、轻松	阳光、向日葵、橙汁、柠檬、黄袍	光明、希望、权威
绿	安全、可以通行、环保	健康、生机、清爽、安静、舒心、酸、平和、年轻	大自然、春天、植物、森林、蔬菜、青苹果	青春、新生、和平、希望、春天
蓝	提示、低温	冷、静、平和、素雅、高洁、忧郁	蓝天、海洋、湖泊、水、冰雪、冷气	永恒、尊严、诚实、高尚
紫	神秘	安静、忧郁、浪漫、高贵、灵性、时尚	葡萄、紫藤、紫罗兰、茄子、薰衣草	高贵、神圣、痴情、古朴
白	干净、哀悼	洁净、光明、冷、肃静、正义、神圣	白云、冰雪、馒头、医院、兔子、牛奶、婚纱	纯洁、高尚、光明、哀思、神圣、正义
灰	雅致	冷淡、安静、苦涩、寂寞、沉郁	阴天、老鼠、铅、尘埃	悲哀、平凡、中立、沉寂
黑	正式	黑暗、恐怖、神秘、阴森、沉痛、庄严、绝望	夜晚、煤炭、黑板、墨水、乌鸦、头发	严肃、坚毅、哀悼、罪恶、恶势力
金、银	价值、高档	华贵、活泼、跳跃	黄金、白银	高贵、豪华、幸福、价值、财富

4. 色调

我们所说的色调通常是指对画面或空间整体颜色的概括评价，当两种或两种以上的色彩有序和谐地组织在一起，作用于人的心理，使人产生的情绪变化，这种配色就形成了色调，如图2-14所示。

在实际家居空间色彩搭配中，我们往往选用某一色彩作为整个空间的基本色调，其他物体的色彩与之形成一致的倾向，并在色相、明度、纯度上进行变化。根据色彩的元素，如色相、明度、纯度的综合特征，给了人们心理感受，形成色彩的和谐韵律。

色调是色彩配置所形成的一种色彩的总体倾向。例如，在室内颜色搭配时，采用大面积的蓝色，我们通常称之为蓝色调，如图2-15所示；而画面整体具有黄绿色倾向的，我们称之为黄绿色调，如图2-16所示；画面的色彩以冷色为主导，我们称之为冷色调，如图2-17所示；以暖色为主导，我们称之为暖色调，如图2-18所示。所以我们认为日常所说的色调无非是色相为主导的色调或冷暖色调，但在配色设计的领域，我们所说的色调却并非如此。

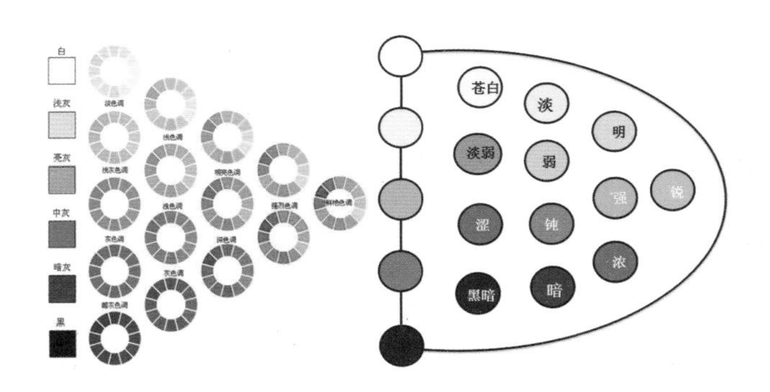

图 2-14 色调

配色设计中所讲的色调指的是空间所有色彩在色彩属性上的倾向，也就是色彩色相、明度、纯度形成的色调体系，它是影响配色效果的首要因素。即使色相不统一，只要色调一致，画面也能够展现统一的配色效果，同样色调的颜色组织在一起就能产生共同的色彩印象。

二、色彩搭配

我们生活在这个多彩的世界，身边的万事万物都有着自己的色彩，无论是自然界的存在还是人类的创造。很多情况下，我们看到的色彩都不是单独存在的，它们通常是由两个或两个以上的颜色搭配在一起。我们会发现色彩与色彩的不同搭配能够产生千变万化的视觉效果，有的色彩搭配看起来活泼醒目，有的清新舒适，有的阴郁沉静。有时同样的两个色彩搭配，调整其中一个或两个色彩的明度、纯度、面积、位置等也能够导致视觉效果上的巨大变化，这些都是受不同的色彩搭配方法所影响的。

图 2-15 蓝色调空间

图 2-16 黄绿色调空间

图 2-17 冷色调空间

图 2-18 暖色调空间

1. 色相型配色

色相型配色指的是运用色彩本身的色彩效应及色彩在色相环上的位置关系来帮助设计师确定配色效果。色相型配色主要有以下7种类型。

（1）同相型搭配

色相环上0°～30°的颜色叫同类色，如图2-19所示。运用的色彩全部属于同一色相，不同明度或纯度的色彩，通过加白明度逐渐变亮或同一种颜色加黑逐渐变暗，同相型搭配也叫同类色搭配。其优点是给人稳重、平静之感，很容易做到色彩的协调，是打造室内环境和谐的常用手法，如图2-20所示。缺点是由于它没有丰富的色彩变化，色调比较单一，容易让人觉得过于单调、沉闷，缺乏视觉冲击力，在色彩搭配上，并没有形成鲜明的层次，只形成了明暗的层次。

（2）类似型搭配

色相环上30°～90°的色彩叫类似色，如图2-21所示。此区间内的色彩搭配是类似型搭配。类似色之间拥有共同的颜色，这种颜色搭配是一种低对比度的和谐。比同类色搭配的色彩更有美感，会产生微妙的色彩变化，所以类似色搭配的色彩变化相对丰富。在设计时应用类似色搭配，同样让人产生相对柔和并活跃的视觉效果，和单色配色一样，在色彩搭配中注意和谐中产生对比，整体色调丰富，如图2-22所示。

（3）对比型搭配

对比型配色是指色相环上90°～120°的色彩搭配。对比型配色的色彩之间没有共同的色彩因素，因此色彩之间的差距较大，搭配在一起的效果比较艳丽活泼，如图2-23和图2-24所示。

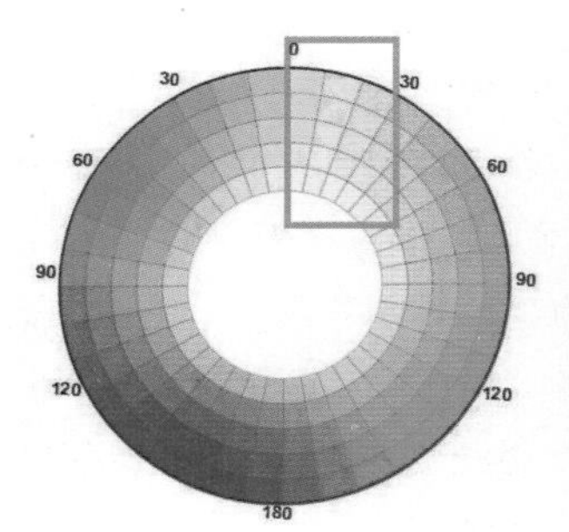

图 2-19 同类色

图 2-20 同类色配色

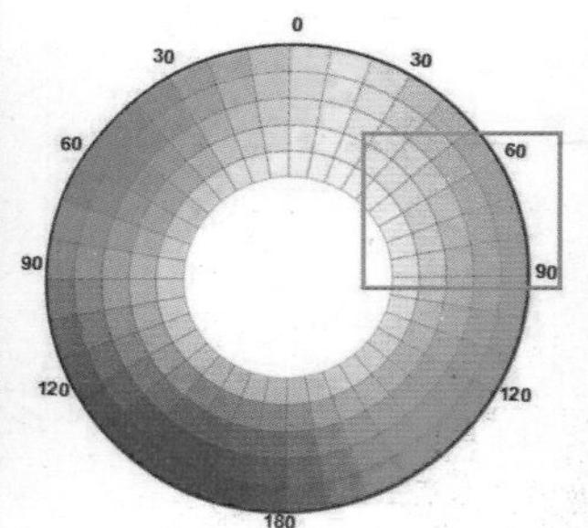

图 2-21 类似色

图 2-22 类似色配色

图 2-23 对比色配色（1）

图 2-24 对比色配色（2）

（4）互补型搭配

互补型配色指色相环上直线相对的色彩的搭配，如图2-25所示。互补色配色，补色之间形成强烈的对比效果，传达出活力、能量、兴奋等意义。互补型搭配对比比较鲜明，很容易营造出明快活泼的视觉效果，缺点是不容易协调。在设计的过程中可以采用以下两种解决的办法：控制其中一种颜色面积的大小；降低其中一块颜色的纯度和明度。互补色配色如图2-26所示。

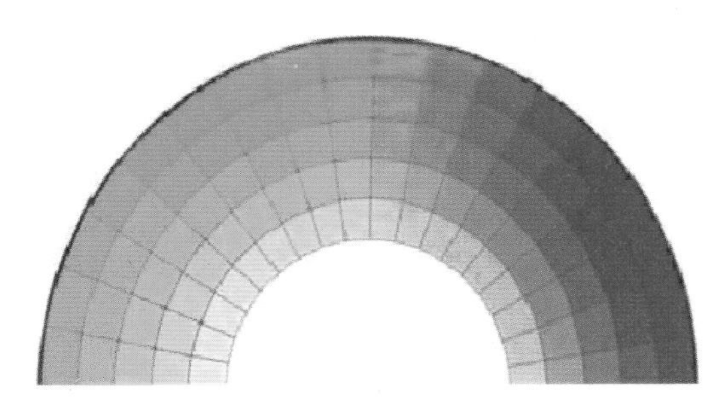

图 2-25　互补色

图 2-26　互补色配色

（5）三角型搭配

三角型配色指配色中所用的三个色彩在色相环上呈三角形。三角型配色的配色效果较为丰富，同时也能达到视觉上的平衡感和稳定感，最具代表性的就是运用红、黄、蓝三原色的配色，如图2-27所示，具有强烈的视觉冲击力及动感；橙、绿、紫三间色的配色则相对舒缓和谐一些，如图2-28所示。

（6）四角型搭配

四角型配色指配色中出现的色彩在色相环上呈四边形，或者也可以理解为由两组对决型或准对决型色彩交叉组合的配色类型。四角型配色效果醒目有活力，有较强的视觉冲击力，如图2-29所示。

（7）全相型搭配

全相型配色指运用了五种以上色彩的配色类型。配色效果极为丰富，让人感觉活泼热闹。全相型配色能塑造出开放的氛围以及自然界中五彩缤纷的视觉效果，华丽感十足，充满活力和节日气氛，如图2-30所示。在家居中常应用于儿童房的配色。

2. 色调型搭配

色调是指色彩的浓淡、强弱程度，由明度和纯度数值交叉而成，如图2-31和图2-32所示。色调是影响配色效果的首

图 2-27　红、黄、蓝配色

图 2-28　橙、绿、紫配色

图 2-29　四角型配色

图 2-30　全相型配色

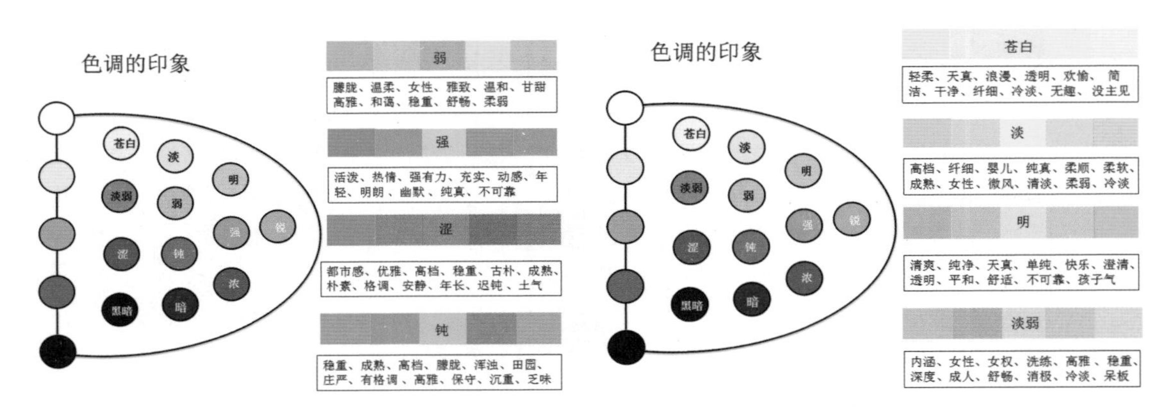

图 2-31 色调的印象（1）　　图 2-32 色调的印象（2）

要因素，同样色调的颜色组织在一起就能产生共通的色彩印象。

为了能准确掌握这些色调，可将这一体系划分成12个区域，如表2-4所示。这些色调及色调分区将为我们今后的配色设计起到重要的作用。

表 2-4 色调分区一览表

色调名称	色调说明	色调特点	案例图片
锐调	色彩中不掺杂白色、黑色或灰色的最纯粹、最艳丽的色调，视觉刺激强烈	鲜明、活力、醒目、激情、健康、艳丽、清晰、开放、幼稚	
明调	在纯色里加入一点白色，色彩的纯度降低，明度升高，色彩变得干净柔和，给人明朗的感觉	天真、单纯、快乐、平和、舒适、纯净、澄清	
强调	在纯色中加入一点灰色，色彩的纯度有所减弱，明度不变，视觉冲击力稍减	热情、活力、动感、开朗、活泼、纯真、年轻	
浓调	在纯色中加入一点黑色，色彩的纯度和明度降低，色彩变得浓郁厚重，具有重量感和成熟、沉稳的感觉	高级、成熟、浓重、充实、华丽、丰富、沉稳	
淡调	在纯色中加入更多的白色，色彩的纯度继续降低，明度进一步升高，色彩的视觉冲击力大幅减弱，给人柔和、清新、恬静的感觉	柔软、细腻、纯真、梦幻、甜美、清新、温顺、婴儿	

续表

色调名称	色调说明	色调特点	案例图片
弱调	在纯色中加入明度较高的灰色，色彩的纯度继续降低，明度偏高，色彩变得素净、干练	雅致、温和、朦胧、温柔、和蔼、舒畅	
钝调	在纯色中加入明度偏低的灰色，色彩的纯度继续降低，明度偏低，色彩变得朴素自然	浑浊、田园、高雅、成熟、稳重、高档、庄严	
暗调	在纯色中加入更多的黑色，色彩的纯度继续降低，明度也随之进一步降低，色彩变得浑浊，更具重量感	坚实、成熟、安稳、结实、传统、执着、古旧	
苍白调	在色彩中加入大量白色，色彩的冲击力被进一步弱化，明度升高，趋向于白色，给人干净、虚弱之感	轻柔、浪漫、透明、简洁、纤细、天真、干净	
淡弱调	在色彩中加入大量高明度的灰色，色彩的冲击力被进一步弱化，给人洗练、素雅之感	洗练、高雅、内涵、女性、雅致、舒畅、素净	
涩调	在色彩中加入大量低明度的灰色，色彩的冲击力被进一步弱化，给人古朴、安静之感	成熟、朴素、优雅、古朴、安静、高雅、稳重	
黑暗调	在色彩中加入大量黑色，色彩的明度和纯度降到最低，接近于黑色，给人庄严、厚重之感	厚重、沉稳、高档、严肃、强力、庄严、古朴	

3. 四角色搭配

四角色指的是家居配色中每种色彩在画面中的主次顺序，分别为背景色、主角色、配角色、点缀色。

背景色是空间中占据最大面积的色彩，例如天花板、墙面、地面等，因为面积最大，所以引领了整个空间的基本格调，起到奠定空间基本色彩印象的作用。在同一空间中，家具的色彩不变，更换背景色就能够改变空间的整体色彩感觉，例如同样是白色的家具，蓝色的背景（见图2-33）就显得清爽，而黄色的背景（见图2-34）则显得活跃。在顶面、墙面、地面所有背景色界面中，因为墙面占据着人们水平视线的部分往往是最引人注意的地方，因此，改变墙面色彩是最直接改变色彩感觉的方式。在家居空间中，背景色通常会采用比较柔和的、淡雅的色调，给人舒适感，如图2-35所示。若追求活跃感或华丽感，则使用浓郁的背景色，如图2-36所示。

主角色指空间中占据视觉中心的色彩，通常为较大的、摆放在空间中心位置的家具色彩。主角色选择可以根据情况分为两种：一种是选择与背景色接近的，但色彩纯度相对较高的色彩作为主角色，此种搭配较为容易掌握，能够营造出和谐、稳定的配色效果，如图2-37和图2-38所示；另一种是选择与背景色反差大的色彩作为主角色，这种搭配的视觉冲击力强，能够很好地突出主角色，同时能够营造活跃、艳丽的空间效果，如图2-39和图2-40。

配角色通常出现在主角色的旁边，它的作用一是为了更加衬托和凸显主角色而存在；另外就是配角色和主角色的配合能体现出空间整体的配色类型，构成了空间的基本配色类型，如同相型配色的配角色可选择与主角色同一色相色彩或无彩色来体现色彩关系，如图2-41所示，而对决型配色的主角色和配角色就是一对互补色，如图2-42所示。

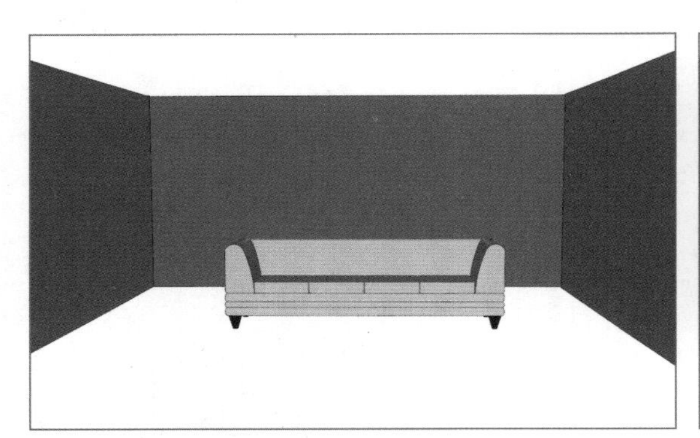

图 2-33 蓝色的背景空间

图 2-34 黄色的背景空间

图 2-35 淡雅深色调配色

图 2-36 华丽浓郁色调配色

图 2-37 主角色与背景色相近配色（1）

图 2-38 主角色与背景色相近配色（2）

图 2-39 主角色与背景色反差配色（1）

图 2-40 主角色与背景色反差配色（2）

图 2-41 主角色与配角色同相配色

图 2-42 主角色与配角色互补配色

点缀色是指空间中体积小、可移动、易于更换的物体的颜色，例如沙发靠垫、台灯、织物、装饰品、花卉等。点缀色通常是一个空间中的点睛之笔，在空间配色整体比较单调平稳的时候可用来打破单调的配色效果，制造生动的视觉感受，如图2-43所示；当空间氛围足够活跃，点缀色也可以与主体色相接近，通过提高明度或纯度的方法来进行色彩之间的呼应，以强调这一色彩在空间中的主导性地位，如图2-44所示。在搭配点缀色时需要注意，点缀色的面积不宜过大，面积小才能够加强冲突感，提高色彩的张力，如图2-45所示。

在运用四角色进行配色方案设计时，首先该考虑的就是主角色，然后根据风格进行背景色的确定，再继续搭配配角色和点缀色，这样的方式主体突出，不易产生混乱感，操作起来比较简单。

图 2-43 生动点缀色

图 2-44 呼应点缀色

图 2-45 小面积点缀色

图 2-46 空间渐变色

三、色彩搭配的注意事项

图 2-47 增加纯色面积

色彩搭配类型在运用的时候还需要注意以下几方面内容：

①同类型配色和类似型配色色彩差距小，极易造成单调、呆板的视觉效果，解决办法是增大主角色和背景色、配角色之间的明度或纯度差异，然后用色相差异较大的色彩作为点缀色出现，以打破单调、沉闷的氛围；主角色、配角色、背景色三者的色彩明度可依次升高或纯度依次降低，以营造空间的层次感和节奏感。

a. 可以根据空间层次进行色彩的渐变排列，这种布置方法使得同相型配色的搭配效果整齐有序，比较容易产生美感，如图2-46所示。

b. 可以通过控制、调整色彩的面积，如增加视觉冲击力较强的纯色的面积，使配色反差更强烈，如图2-47所示。

c. 适当添加高纯度的点缀色，以打破单调沉闷的配色效果，如图2-48所示。

d. 加入黑、灰、白之类的无彩色，加大方案的色彩差距，如图2-49所示。

②对比型配色和互补型配色色彩差距较大，容易出现色彩对比过于激烈，以至于给人不协调感或产生视觉疲劳，对此可采用以下方法使之调和：

a. 调整色彩的面积、纯度、明度，使色调统一，方可产生和谐的配色效果，如图2-50所示。

b. 在色彩间添加中间彩色，进行分隔，以减缓色彩之间的强烈冲突，如图2-51所示。

c. 调整两个颜色的面积，使色彩有主次之分，避免两个色彩出现势均力敌的对比效果，如图2-52所示。

图 2-48 高纯度点缀色

图 2-49 增大配色色差

图 2-50 色调统一

图 2-51 减缓色差

图 2-52 色彩主次分明

任务实施

布置学习任务

本次任务结合生活方式定位方案，参照家居空间色彩定位的原则和色彩搭配注意事项，根据家居空间业主的要求进行色彩定位方案设计。

总结评价

对色彩方案进行评价，结合色彩设计的基本原则和业主基本信息等方面进行评价。

思考与练习

1. 色彩搭配技巧有哪些?
2. 色彩的基本效应有哪些特征?
3. 色彩的基本属性有哪些?

巩固与拓展

1. 家居空间流行色彩与趋势。
2. 商业空间色彩设计的特征。

任务三　风格类型定位

任务目标

通过本任务的学习，学生能够独立完成家居风格定位方案设计，对软装风格配饰元素进行鉴别，学会依照风格元素选用软装配饰产品，在此过程中逐渐提高学生资料收集与应用、专业表达与答辩的能力，逐步提升发现问题和解决问题的能力。

任务描述

通过学习本任务的知识储备部分内容，完成学习工作性任务——家居软装设计概念方案中的家居风格定位方案设计，学生以个人为单位，能够应用家居主流风格特征，结合客户的生活方式和色彩定位方案进行家居风格定位；能够熟练运用家居风格特征，选择八大元素进行风格元素搭配。

知识储备

一、欧洲古典风格

欧洲古典风格追求华丽、高雅，设计风格受欧洲建筑、家具、绘画等的影响。具体可以分为六种风格：古罗马风格、哥特式风格、文艺复兴风格、巴洛克风格、洛可可风格和新古典主义风格。从建筑、室内和家具来阐述各个风格特征。

1. 古罗马风格

（1）风格起源

古罗马风格继承了古希腊风格成就，经过伊特鲁里亚时期、罗马共和国时期和罗马帝国时期，在建筑、文化、技术和艺术等方面广泛创新的风格，具有高超的艺术成就，为欧洲的建筑艺术发展奠定了基础。

（2）风格特征

①建筑特征：古罗马建筑艺术在古希腊传统建筑多立克柱式、爱奥尼克柱式、科林斯式柱式三种柱式基础上发展为五种柱式，即塔司干、多立克式、爱奥尼克式、科林斯式、复合式，如图2-53所示。古罗马建筑能满足各种复杂的功能要求，依靠高水平的拱券结构技术，使得建筑内部具有宽阔的空间，便于空间的装饰。装饰采用浮雕、高浮雕为主，对建筑及建筑空间内部进行装饰。古希腊的装饰能够将雕塑作为装饰元素，应用在建筑的三角山墙、室内大厅和家具柱式之中，雕塑题材以希腊神话、自然装饰和几何装饰为主。图2-54所示为古希腊建筑。

②室内特征：古罗马建筑将拱券设计融入室内空间中，使得室内空间具有较高的高度。拱券的设计既具有支撑空间的作用，同时又能装饰空间，具有功能性和装饰性。古罗马建筑内部墙壁无窗户，自然采光有限，墙壁多以精致的镶框及精美的壁画进行装饰。地面多以彩色地砖进行铺贴，既能够装饰室内地面，同时又可以展现主人的财力、身份和地位。

图 2-53 古罗马五种柱式

图 2-54 古希腊建筑

③家具特征：古罗马家具从古希腊家具发展而来，图2-55所示为古希腊家具的代表地夫罗斯，椅子采用对称式造型，腿部以镰刀形外弯为主，座面为编制的皮条织成。家具造型以建筑特征为参考，多采用三腿和带基座的造型，具有坚实、厚重的奢华风貌，兼具功能性和装饰性。家具在材质上选用高档的木材，应用镶嵌象牙或金属等精美材质进行装饰；床品和坐具会采用织物制作坐垫、靠枕进行装饰。

图 2-55 古希腊风格地夫罗斯

2. 哥特式风格

（1）风格起源

12世纪之后，在法国巴黎附近出现了一种以摧毁古罗马文明的哥特人命名的建筑形式，被称为“哥特式风格”。

（2）风格特征

①建筑特征：哥特式建筑将建筑中的圆筒拱顶改为尖肋拱顶，建筑内部空间以骨架券连接为整体，具有连续之感。哥特式建筑的拱顶高度、跨度不受限制，具有又大又高、挺拔向上的视觉感觉。哥特式建筑将原本建筑中实心的被屋顶遮盖起来起到支撑作用的扶壁露在外面，被称为飞扶壁，分担主墙压力的同时具有很强的装饰作用，如图2-56所示。

图 2-56 飞扶壁

②室内特征：哥特式建筑的尖肋顶拱结构以及十字平面的形式，使建筑内的空间更大、更高；哥特式束柱的形式将多根圆形柱子合在一起，增加空间垂直的线条，使得室内空间更加高耸，图2-57所示为哥特式建筑代表，竖直柱式增加空间的视觉高度，连续的拱券结构形成空间推进感，在顶棚部位集中形成尖拱，使得建筑显得更加高耸挺拔。哥特式建筑的门层层往内推进，并有大量的浮雕，具有深深的吸引力。图2-58所示为哥特式建筑的玻璃花窗拱顶结构，花窗透过室外的自然光照射到屋内，彩色玻璃增加了色彩的神秘感。

图 2-57 尖肋拱顶结构

③家具与装饰特征：哥特式家具受哥特式建筑风格影响，具有刚直、挺拔、向上之感，家具以橡木为主要用材。大型哥特式家具，如哥特式教堂的坐具，既可储物又可以作为坐具使用。家具的装饰多采用哥特式建筑主题，如拱券、花窗格、四叶式建筑、布卷褶皱、叶形装饰、唐草、“S”形纹样等，装饰题材多取材于圣经，以雕刻和镶嵌为主，家具模仿建筑线脚进行装饰。图2-59所示为哥特式风格的橱柜，采用直线造型为主，顶部采用垂饰，向下延伸做细柱，表面雕刻图案。

图 2-58 玻璃花窗

图 2-59 哥特式风格橱柜

图 2-60 文艺复兴建筑

3. 文艺复兴风格

（1）风格起源

自14世纪在意大利佛罗伦萨随着文艺复兴文化运动的发展，在建筑界也逐渐开始了对中世纪神权至上的批判和对人道主义的肯定，借鉴古典的比例来重新塑造古典社会有序、协调的建筑风格。文艺复兴时期的建筑讲究秩序和比例，具有古典建筑中严谨的立面、平面构图和柱式系统，是欧洲建筑史上继哥特式建筑之后出现的一种建筑风格，如图2-60所示。

（2）风格特征

①建筑特征：建筑追求开放的风格，采用柱廊式和谐统一，同时强调集中式布局。装饰多采用绘画和雕塑，体现和谐与完整的人体美。这一时期的建筑和装饰依然是身份和财富的象征。

②室内特征：文艺复兴时期的室内空间因受建筑影响，内部宽阔、天棚较高，室内空间感可让来访者感受到主人的权势，空间强调对称与平衡原则；室内装饰以雕刻和嵌边装饰为主，横梁、边框的装饰元素采用古希腊、古罗马时期衍生出的装饰嵌线和镶边；大面积的墙面、天棚以绘画进行装饰，墙面平整光滑，并绘制壁画作为装饰；地板采用瓷砖、大理石等进行铺装，家具遵循严谨的对称形式布置。文艺复兴时期古董、经典艺术、绘画、雕塑等经典的手工艺品会作为装饰品，使室内空间更加华丽与丰富。如图2-61所示为文艺复兴时期室内，如图2-62所示为文艺复兴时期饰品。

③家具与装饰特征：文艺复兴时期的家具摆脱了中世纪家具刻板、呆直的印象，摒弃框架嵌板的闷沉形式，以人的审美情趣为主进行设计，以华贵富丽为主，使家具既作为生活用品，又作为地位与权势的象征。家具用材多以硬质阔叶材为主，如橡木、胡桃木等，配以大理石、金属等材质，采用古典的浮雕图案进行装饰，如丘比特、半人半马等神话人物，花草、水果等组合在一起，使家具有生命感。如图2-63所示为意大利文艺复兴时期的婚礼长箱，这种婚礼的箱子在文艺复兴时期非常流行，箱体通体木质，上面会雕刻与婚礼有关的图案、家族纹章等，用石膏、淡彩作画装饰，还会用珍贵的材质装饰箱体表面，如象牙雕刻、镶金等。

4. 巴洛克风格

（1）风格起源

巴洛克，源于葡萄牙文中的Baroque，意指畸形的珍珠，也指不整齐、扭曲、怪诞的含义。巴洛克艺术指从16世纪末到18世纪中叶，起源于意大利，流行于西欧各国的艺术风格。巴洛克艺术风格具有浪漫、秀丽委婉的造型特点，使建筑具有极强的运动性。

（2）风格特征

①建筑特征：基于文艺复兴时期艺术基础，巴洛克建筑能够破旧立新，创造出新的建筑形式与手法，一些建筑设计一反常态，形体具有跳跃、富有节奏的特征。巴洛克建筑善于运用透视特征，能够在建筑中运用透视产生错觉，同时运用夸大建筑的比例和尺度，使人们感受到巴洛克建筑的宏伟与热情。在造型设计上，巴洛克建筑善于运用大量的曲线、曲面和断山花造型，塑造建筑形体，从而使建筑产生断裂感和流动感，同时运用光影的特征，突出建筑的体积感和空间感。如图2-64所示为维尔茨堡官邸，顶部采用了突破古典法式的山花造型、圣像和装饰光芒，拱顶满布雕像和装饰。

②室内特征：巴洛克风格的室内善用繁复的装饰，在墙面和天花板采用雕刻和雕塑进行装饰，壁画采用视觉错觉效果进行绘制或用挂毯进行装饰，并采取壁柱、檐条、粉饰涂金等装饰形式，使人感到金碧辉煌并且变化无穷；室内空间的楼梯多以弯曲、盘绕的复杂形式设计，丰富空间形式，并且楼梯本身也作为装饰元素美化室内空间。如图2-65所示为凡尔赛宫内部装饰。

③家具特征：巴洛克风格家具摆脱了以往家具形制从属于建筑设计的局面，而是将家具作为室内用品进行设计。家具造型华丽厚重，采用直线和圆弧相结合，以对称的结构为主，椅类以高靠背为主，桌面以大理石进行镶嵌；家具具有纯熟的技巧和良好的结构形式，家具装饰采用雕刻、镶嵌等，多出现于家具的底座和腿脚部。装饰题材多以神话故事中的裸像、狮、鹰等及涡形、叶形等装饰纹样。除雕刻、镶嵌外，硬石装饰、金箔贴面、描金填彩以及薄木拼花装饰使巴洛克家具有富丽豪华，金碧辉煌之

图2-61 文艺复兴室内

图2-62 文艺复兴饰品

图2-63 意大利文艺复兴时期的婚礼长箱

图2-64 维尔茨堡官邸

感。到17世纪中期，东方艺术涌入西方，使得大漆装饰、雕漆、贝雕镶嵌和东方彩绘出现在家具中，增添家具的华丽色彩，如图2-66所示。

图 2-65 凡尔赛宫内部装饰

图 2-66 巴洛克风格柜

5. 洛可可风格

（1）风格起源

“洛可可”一词源于法语中“岩石”（Rocaille）和“蚌壳”（Coquille）的复合词，洛可可风格则指通过复杂的波浪和曲线来模仿岩石和贝壳的外形，最初为建筑中的室内装饰，给人以流畅的精细、纤巧的浪漫动感，是盛行于18世纪的法国宫廷室内装饰手法，是巴洛克风格进一步发展的极端。与巴洛克风格相比，洛可可风格更具有纤巧精秀、柔美瑰丽的女性化特点，极具装饰性。

（2）风格特征

①建筑特征：洛可可风格反映了路易十五时代法国贵族的生活特点，建筑风格在巴洛克风格上继续发展，注重建筑内部色彩和细节。建筑中以女性化色彩为主，建筑装饰部件造型精美，形态万千。洛可可建筑风格不同于古典时期的雄伟建筑，善于表现轻结构建筑，展现出建筑的自由与轻盈；以轻盈、华丽、精致、细腻为主要风格特点，在室内风格中善于运用不对称的形式进行装饰，表现建筑空间的环境。如图2-67所示为苏比斯府邸椭圆形厅普雷德厅。

②室内特征：洛可可风格室内装饰以高耸、纤细为主，运用丰富雕刻造型，在室内空间采用丰富和富于变化的“C”形、“S”形的漩涡状曲线和弧线等曲线进行装饰；装饰纹样以花环、贝壳等图案为主，天花和墙面有时以弧面相连。洛可可风格的室内以象牙白和金色为流行色，墙面装饰多以青白、粉红、浅玫瑰等女性浅色调，在装饰线脚上选择金色进行装饰，极具富贵华美，室内护壁会采用花边木板进行装饰。地面装饰以木地板、大理石或彩色瓷砖铺设为主，贵族会铺设珍贵的地毯，镶框的玻璃镜面、造型精美的水晶吊灯也是重要的室内装饰品。如图2-68所示为无忧宫内部，为洛可可风格的室内装饰，顶棚采用彩绘穹顶画，墙面绘制壁画，精美的水晶吊灯。同时，洛可可风格还会大量使用金边装饰，墙面用精美的装饰线脚装饰，使整个空间更加富丽，如图2-69所示。

图 2-67 苏比斯府邸普雷德厅

③家具特征：洛可可式家具无论是造型还是装饰相较

图 2-68 无忧宫内部

图 2-69 无忧宫内部装饰

图 2-70 路易十五风格柜

于巴洛克式风格都更加细腻和优雅，运用大量的曲面、回旋曲线来表现多变的动感；色彩以青白色为主要基调，显示高贵，并以金色进行涂饰或彩绘色彩淡雅秀丽，表现女性的精细与纤巧，如图2-70所示为路易十五风格柜，造型精美，形体纤细，表面细木镶嵌装饰。家具装饰精细的雕刻，装饰图案主要有狮、羊、猫爪脚，“C”形、“S”形、涡卷形的曲线，花叶边饰，齿边饰，叶蔓与矛形图案，玫瑰花，漩涡纹等，青铜镀金、细木镶嵌、描金彩绘被广泛应用于家具表面，此外，象牙、青铜、贝壳等是镶嵌的主要材料。床品帷幔以绸缎等为主进行装饰，坐具表面会采用高级的包面材料，多为华丽的天鹅绒，椅子靠背形式多样，如图2-71所示为英国洛可可家具代表齐宾代尔式风格的座椅，靠背形式更加丰富。

图 2-71 齐宾代尔式风格座椅

6. 新古典主义风格

（1）风格起源

新古典主义风格是18世纪60年代至19世纪流行于欧美一些国家的一种复兴古典建筑风格。受启蒙运动的思想影响，以及考古发现使古希腊、罗马建筑艺术珍品大量出土，从而使人们对古典艺术进一步思考，摒弃巴洛克与洛可可风格的烦琐及矫揉造作，并极力在建筑和家居设计中推崇古代希腊、罗马艺术中的合理性，从而开始追求真正的古典主义。

（2）风格特征

①建筑特征：新古典主义时期建筑讲究造型精炼朴素，不做过多矫揉造作的装饰。这一时期不是发展新的建筑形式，而将古希腊、古罗马建筑的元素古典柱式、拱券、山花、线脚等交替出现。新古典主义具有艳丽复杂的效果，建筑强调对比，建筑中对粗犷与精细、典雅与低俗的对比，建筑造型上保持了浓厚的市民文化色彩；建筑的窗户较大，建筑的四角多以外挑凸窗形式，顶部以尖顶，屋顶陡峭，内设阁楼，同时具有造型精巧的脊檐。如图2-72所示为位于布拉格的新古典主风格的代表建筑艾斯特剧院，正面具有古典廊柱，屋顶三角形山墙，显示古希腊的典雅气质。

②室内特征：新古典主义的室内注重装饰效果，能将建筑、室内、家具风格和谐统一，运用现代装饰手法和新材质塑造古典造型，并将经典的古典原色抽象化运用在室内装饰中；强调室内装饰的陈列效果，天棚到壁面、地板、家具、地毯、壁挂等，采用简洁的线条并运用现代材料设计传统样式，追求古典风格的神似，而非仿古和复古，室内擅长用壁炉、水晶宫灯、罗马柱式进行装饰设计。在色彩上，采用白色、金色、银色以及暗红色等作为

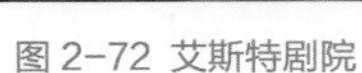
图 2-72 艾斯特剧院

图 2-73 路易十六式风格的五斗橱

图 2-74 路易十六边柜

主色调，并运用白色提亮，使空间色彩明亮大方。

③家具特征：新古典主义时期的家具制作精炼，造型具有经典朴素、轻盈和纤巧的特点，以对称均衡为主，家具讲求舒适性，坐具会充分考虑舒适感。这一时期的家具避免了巴洛克和洛可可风格中夸张造作的装饰，多采用变化的线型，雕刻和镀金工艺均以点缀为主；装饰题材有几何图形、垂花形、绶带、带翼的人面狮身及希腊的古瓶、酒杯、槽纹等纹样，东方装饰元素加入家具设计之中。新古典主义时期的家具开始考虑到市民的使用，功能性的家具开始受重视，兼具装饰性和功能性的家具样式逐渐增多。如图2-73所示为位于凡尔赛宫的路易十六式风格的五斗橱，顶部大理石，面板拼花，边部垂花雕刻铜鎏金装饰。如图2-74所示为卢浮宫的路易十六边柜，顶部白色大理石装饰，柜体黑底表面加金饰，边部铜鎏金，面板描金山水画，具有浓郁的东方气息。

二、美式风格

1. 风格定义

在美国地区流行的家居风格，美国家具可以分为殖民地时期和联邦政府时期，经历不同的时期使美国家居崇尚不同的风格，最终结合本土特色形成了独特、自由、丰富的美式家居风格。

2. 风格起源

美国是一个移民国家，由于各国各民族移民至美洲大陆后，使得美国的建筑、室内及家具设计具有很强的包容性。自1492年哥伦布发现美洲大陆后，西欧开始陆续向美洲移民，美国家居受到欧洲设计的影响，逐渐形成独特的美式风格。现代进行美式家居风格设计时可以采用平房式、使命派、乡村风、维多利亚式四种类别，具体特征如下。

3. 风格特征

（1）平房式

平房式的家居风格受美国殖民地风格的影响，起源于英国平房式建筑，以建筑和大型花园为主，花园种植大量玫瑰，建筑以玫瑰题材进行装饰。家居空间明亮温馨，具有以下特征：

①家居空间以小而精巧为特点营造温馨的氛围，以自由处理家居空间为主，室内高度有限，窗较小，善用落地灯、背景灯等进行空间光环境的营造。

②色彩上，平房式家居风格用色以温馨的玫瑰色系为主，红色、粉色和绿色进行装饰设计，布艺采用花色，采用棕色、金色和褐色涂饰家具，墙面白色涂饰或石材墙面装饰，如图2-75所示。

③家居装饰以蕾丝花边、布艺装饰以小碎花装饰为主，家具和部分建筑结构使用木材原有色彩和纹理进行装饰；地面以喷漆木质地板装饰为主。

（2）使命派

使命派的美式家居风格受工艺美术运动的影响而产生。该风格主要以简约朴实、实用为主，家居用材以橡木为主，风格旨在唤醒早期拓荒者的简约、质朴的生

图 2-75 平房式家居风格

图 2-76 美式乡村风住宅（1）

图 2-77 美式乡村风住宅（2）

活方式，具有田园风格特色。具体来看使命派具有以下特征：

①家居空间以功能实用性为主，墙面、地面和天棚均表现材质质感，不做过多烦琐装饰。

②色彩上，使命派风格崇尚自然用色，颜色简洁和谐，多以暗色调的木材原色进行家居设计，如橡木色、樱桃木色以及黑咖啡色等，墙面白色和石材墙面装饰。

③家居装饰上，木质结构框架造型简单，手工质感较强，家具用材多用橡木；地面为赤褐色的板岩、地砖和木质地板，彩色玻璃进行装饰窗户，装饰元素以简单自然为主。

（3）乡村风

美式乡村风格，即以美国乡村地区装饰家居空间而形成的风格，是不同于美国城镇生活方式的家居形式，如图2-76所示为美式乡村风住宅。具有以下特征：

①家居空间以小而温馨为主，家居空间、家具产品和装饰朴实无华，注重空间的舒适性。

②色彩上，乡村风格色彩不受拘束，多以个人喜好进行配色，以白色、棕色、红色、墨绿等进行装饰，并保留原有木材特征，如图2-77所示。

③家居装饰上，采用画框、帷幔、窗帘、地毯、饰品等装点空间，红砖墙形成质朴的美式乡村风格。

（4）维多利亚式

维多利亚式风格可以追溯到1837年至1901年的英国维多利亚女王统治时期，不同国家的建筑外观可能大同小异，但室内风格基本类似，美国维多利亚风格的具体特征如下：

①以豪华和奢侈为主要特征，家居装饰种类繁多，造型

图 2-78 美式家具

精美，材质选用珍贵材质，家具选择橡木、柚木、桃花心木和胡桃木等木材，家具造型精美，种类丰富，如图2-78所示。

②色彩上，维多利亚风格色彩丰富，深色系是家居装饰重点，浅色系作为点缀

图 2-79 维多利亚式家居空间设计

图 2-80 蓬皮杜国家艺术与文化中心

装饰，深红色和暗绿色为常用色彩，灰色和其他中性色用于空间的过渡，如走廊、大厅和楼梯等。

③深色木质地板多铺设地毯，家居空间用大量的布艺装饰，春夏季采用不同窗帘；豪华精美的墙纸装饰墙面，水晶吊灯、黄铜灯饰、装饰画框、钟表和装满瓷器、饰品的陈列架等；高型纤细的室内植物也成为室内装饰的元素，家居装饰效果如图2-79所示。

三、现代风格

1. 风格起源

现代主义，又称为功能主义，起源于20世纪初期的包豪斯学派，并随着工业社会的发展逐渐发展而形成的，用于建筑、室内及家具等设计作品中。不同于古典主义的设计，现代设计无论是在建筑、室内装饰以及产品上都强调简洁的造型，力求将功能放在首位。现代风格能够在发展过程中形成不同的风格流派，虽然在设计中的重点各有不同，但这些流派均以功能为主进行设计。

2. 代表派别

（1）高技派

高技派也可以称为重技派，源于20世纪20至30年代的机械美学，流行至20世纪80年代初期，高技派力图通过新的材料和新的形式塑造空间和形体，来突出工业技术成就。擅长运用最新的材料进行设计，不锈钢、铝塑板、合金等材料被大量运用到建筑和室内空间中；在高技派的设计中暴露结构和机械组织，如室内的梁板、网架等结构构件，以及风管、线缆等各种设备和管道，进行裸露处理，以表现出工艺技术与时代感，如图2-80所示为法国巴黎蓬皮杜国家艺术与文化中心，建筑外部即能直观感受建筑的材质与结构特征。功能上注重室内空间的视听功能和自动化设计，电器成为家居空间的重要陈设。

（2）风格派

风格派又称新造型派、要素派（或几何形体派）。起始于20世纪20年代的荷兰，是以画家P·蒙德里安等为代表的艺术流派。

多用垂线、水平线、长方形、正方形等和几何形体进行造型设计，反对用曲线；色彩上只用红、黄、蓝三原色作为主色进行设计，间或有一点白、黑、灰无彩色，而不用其他颜色进行设计。如图2-81所示为风格派的卧室空间设计，家居空间以白色为底色，并以蓝、红、黄为装饰色彩，黑色勾勒空间线条，色彩装饰具有典型的风格派特征。如图2-82所示为荷兰风格派代表作品里特维尔德的红蓝椅，造型简洁，以红、蓝、黄作为装饰色。

（3）极简主义

极简主义也译为模主义，是第二次世界大战之后兴起的一个艺术派系，也称为

图 2-81 风格派室内

图 2-82 红蓝椅

图 2-83 极简主义风格家居

"MinimalArt"。极简主义追求简单、极致的理念，设计上给感官带来简约、整洁、优雅。受国际式风格"少即是多"影响，在建筑、室内及家居产品设计中，极简主义逐渐形成了自己独有的特征。功能性作为极简主义的第一要素，将功能作为设计的中心和目的，设计的过程不以形式设计为出发点，而从功能出发讲究设计的科学性和实用性。色彩装饰上，采用黑、白、灰等中性色彩进行装饰，避免明度、亮度过高的色彩出现。如图2-83所示为极简主义风格室内，家居空间内家具线条简洁，装饰色彩以黑、白、灰为主，不做过多烦琐装饰。

（4）装饰艺术

装饰艺术也称为艺术装饰派，起源于20世纪20年代法国巴黎，因1925年法国巴黎举行的现代工业国际博览会而产生，至20世纪30年代在美国开始流行，20世纪60年代被广泛使用。装饰艺术派善于运用几何线型、夸张的几何形体及图案进行装饰，在建筑内外、门窗线脚、檐口及腰线、顶角线等部位重点装饰，如图2-84所示为位于美国纽约曼哈顿的克莱斯勒大楼顶部，有放射状的圆形装饰。在设计中，采用几何式、直线式、对称式和古典式，采用珍贵的木材，并受新古典主义、帝政式和东方艺术影响，应用豪华的装饰，如图2-85所示为帝国大厦一楼内部装饰。

图 2-84 克莱斯勒大楼顶部

图 2-85 帝国大厦一楼内部装饰

（5）后现代主义

后现代主义起源于20世纪70年代，是欧美建筑及设计界名噪一时的设计思想。后现代主义并不是时间上出于现代设计的后期，从设计的形式上看，后现代主义是对现代主义理性化、机械化设计的反思而产生的。后现代主义建筑具有象征性或隐喻性，建筑装饰性与环境相融合。

在室内设计和家具设计上具有如下特征：后现代主义强调个性发展和人情味进行设计，并强调材料、装饰和色

彩在设计中的重要作用。后现代主义装饰与功能同样重要，主张用装饰丰富视觉效果，以满足人们精神和心理上的需求。后现代主义创造新设计形式和氛围，并将产品赋予更多的文化因素，注重人与产品、人与环境关系的表达。如图2-86和图2-87所示为位于宾夕法尼亚州的后现代设计风格奠基人文丘里设计的住宅。

图 2-86 文丘里住宅外部

图 2-87 文丘里住宅内部

四、北欧风格

北欧风格是由欧洲北部国家挪威、丹麦、瑞典、芬兰及冰岛国家在室内设计、家具等工业产品的设计风格，北欧风格起源于斯堪的纳维亚地区，因此也被称为“斯堪的纳维亚风格”。这种风格崇尚简约、自然，注重室内空间与家具等产品的功能性。北欧风格作为现代风格的一种，将功能主义设计思想与北欧地区传统的设计文化相结合，创造人性化设计，深受人们喜爱。

（1）室内特征

①将功能作为重点，室内空间以宽敞、内外通透为主，将自然光最大限度地引入室内空间，空间不做过多硬性阻断。家居产品造型简洁、质地优良、工艺精致。

②在家居色彩的运用上，以浅淡、洁净色系为主，白色、米色、浅木色系等为主色调，并适当使用鲜艳颜色点缀，或者以黑白两色为主调，设计突出干净、整洁、清爽之感。浅色系与原木色成为北欧风格家居的主要色调。

③注重表现家居产品的材质特征，北欧风格室内中，可以见到采用原木制成的梁、檩、椽等建筑构件进行装饰，保留木材的色彩和质感；家具多以木材、皮革、藤编物、棉麻织物等材料为主，讲究实用性，造型简洁优美，也可做装饰。灯具、生活用品等以功能为主，不做过多装饰，突出材质本身特征；在窗帘、地毯等布艺的搭配上，善用棉麻等天然材质，具有较强的肌理感。

（2）家具特征

①北欧风格家具，不在家具上做过多装饰，以家具的造型、材质和色彩作为装饰，家具形体直中有曲，注重细节的把握，家具边部磨圆处理。

②家具多以松木、樟木等北欧盛产的木材为主要用材，纹理清晰，并在座面采用皮藤等材质编织质感，家具表面采用透明涂饰，保留原有木材的质感和纹理。如图2-88所示为丹麦设计师魏格纳设计的椅类。

③北欧风格也注重现代材料的应用，如玻璃纤维增强塑料和化纤等塑性材料也能应用到家具之中，丰富家具的材料，北欧家居空间如图2-89所示。

五、中式风格

中式风格是在家居空间中以建筑结构、家具、色彩、图案、装饰纹样等中国传统古典元素为代表进行的室内装饰设计风格，将中式风格家具及和带有中国传统风格的纹样、图案的布艺及陈设品应用在室内空间。中式风格以现代生活为出发点，结合功能需求，提炼中式元素进行设计。在室内设计上，利用中式的设计原则进行空间设计，无论是家具、布艺还是灯具等软装产品，融入中式元素进行产品设计，使得中式风格逐渐受到设计界的欢迎。

中国椅子

Y型椅

侍从椅

图 2-88 魏格纳设计的椅类

图 2-89 北欧家居空间

（1）室内特征

①中式室内空间在进行布局的时候，擅长使用对称均衡式的布局原则对空间进行布置，注重各个空间中的软性过渡，应用屏风、博古架、月洞门、木格栅等形式过渡空间，讲究虚实结合的意境。同时，能够结合生活需求对家居空间分区，并应用中式元素的家具、灯具、布艺、摆件、花艺等进行装饰，体现传统古典韵味的意境。如图2-90所示为借助木质格栅分割空间，创造具有中式意境的禅意空间。

②色彩上，主体色彩多以浓重为主，家具多以棕色、深棕色、褐色等木质为主，与北欧浅原木色形成强烈的对比，或以简洁的黑白体现水墨意境，装饰色彩多用红、黑、绿等色，从色彩上营造浓烈高雅氛围；善用留白体现意境。

③在材质的选择上，中式风格善用木材、石材、藤材等材质，体现出天然的质感；也会采用玻璃、金属等现代建材，着重展示材质的质感和纹理。家具以实木为主，色彩以深色系为主，展现厚重感；布艺上，会选择有中式刺绣或印染的传统图案进行装饰；石材上多用有水波纹石材或瓷砖，可用于地面、墙面和桌台面等位置；室内细节装饰，采用木材、不锈钢等金属材质做装饰，可体现出自然古朴韵味或时尚高雅的空间感。

④在室内陈设上，选择具有中式韵味的家居软装产品，除家具外，字画、盆景、瓷器、古玩等都可以在中式空间中进行陈设。整体布局讲究对称均衡，善于表达意境，注重空间陈设品虚实的变化，墙面适当留白处理，格调高雅，体现出中国传统美学精神。产品装饰上，按照中式布局，对瓷器、花艺、家具等进行应用，如图2-91所示为中式风格电视背景墙。

⑤中式家居空间的装饰还注重喻义

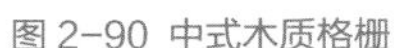
图 2-90 中式木质格栅

图 2-91 中式风格电视背景墙

的表达，中式传统图案和纹样具有象征意味，在起到装饰室内空间的同时，还能表达对生活的美好祝福。有花草纹样，如牡丹（象征花开富贵）、梅兰竹菊（象征文士之高雅）、缠枝纹、卷草纹等；有鸟兽纹样，如喜鹊、蝙蝠、麒麟、龙凤等；有几何文字纹样，如方胜纹、回纹、万字纹、双结子纹、祥云纹等。

（2）家具特征

①中式家具以木结构为主，木材选择棕色、褐色等厚重色彩，木材的选择上以红木类为上乘，橡木、榆木、胡桃木等也会应用，多以透明、半透明涂饰为主，突出木材的天然材色和木质纹理，在家具的造型上以对称为主进行设计。

②传统中式家具保留明清时期家具的造型和装饰特征，具有古朴、沉稳的特征；现代中式家具在现代家具造型的基础上，以扶手、转角、拐角等部位运用雕刻或镶嵌，装饰以中式的祥云、花鸟、器物等图案或纹样，具有时尚、高雅之感。

③中式家具功能上以现代生活需求为主，在坐具的装饰上会采用中式的布艺产品进行装饰，软垫、抱枕等，讲究材质、质感的搭配。如图2-92所示为中式风格家具。

图 2-92 中式风格家具

图 2-93 希腊圣托里尼风光

六、地中海风格

1. 风格定义

以地中海沿岸地区的家居装饰风格命名，因其地理、人文因素形成独特的家居风格，被称为地中海风格，是地中海沿岸的西班牙、葡萄牙、法国、意大利、希腊等17个国家集合的建筑与居民住宅风格。这些国家具有较长的海岸线，日照时间长，同时物产丰富，逐渐形成了多变的建筑风格和浓烈的风土人情，家居风格逐渐具有自由热烈、色彩明亮的风格特点。

2. 风格起源

文艺复兴时期之前，西欧地区的家具艺术发展相对萧条。9至11世纪，以地中海沿岸的17个国家得到发展形成了独特的家具风格，被称为地中海风格。在建筑上，地中海地区也受古希腊、古罗马、拜占庭以及奥斯曼帝国等不同时期的影响，能够结合本地古朴的自然环境，选择材料和装饰纹样、色彩来对家居空间进行装饰。在室内风格设计上，将碧海蓝天作为设计元素融入室内设计中，如图2-93所示为希腊圣托里尼自然风光。

3. 风格特点

（1）保留传统古希腊建筑气息

室内空间明亮温馨，体现民族特色。将古希腊建筑的柱式、拱券等结构引入室内空间中，进行室内空间分割，如图2-94为采用拱券分割室内空间。希腊地中海风格极具自然特色，以蓝白两色为主体色调，营造大海、蓝天、白云的自然风光，灰色进行调节，以家居产品、陶艺器物等进行点缀装饰，如图2-95所示为地中海风格室内空间。

（2）体现民族特色

以西班牙地区为例建筑和家居文化由多民族文化融合而成，具有浓厚的神秘和异域风情。在家居设计上，运用海洋题材装饰，注重木材、砖石、陶土、铁艺、布艺等材质家居元素的组合搭配，又受宗教因素的影响，家居装饰精致细腻，时而粗犷不拘，形成独特的地中海风格，如图2-96所示为西班牙地中海建筑。室内空间具有自然之风，运用陶土、陶瓷、马赛克等进行室内装饰，如图2-97所示。

（3）自然色彩运用在家居环境之中

以蓝色、紫色、原木色为主体色调进行设计，白色、黄色、绿色等明亮的色彩也会运用在家居空间中，如图2-98所示为意大利家居空间。同时，也善于运用绿色植物和花色进行装点家居空间，如图2-99所示为法国艾泽城堡酒店室内。

（4）北非地中海风格色彩热烈

北非地区的地中海风格主要以摩洛哥、阿尔及利亚、埃及等地区为代表，色彩以土黄色、褐色、红褐色系的沙漠色为主，土质色系和精致家具、金属器皿和几何装饰使得北非地中海具有强烈的对比特征，如图2-100所示。

图 2-98　意大利地中海风格室内

图 2-99　法国地中海风格室内

图 2-100　北非地中海室内

图 2-94　拱券分割室内空间

图 2-95　地中海风格室内空间

图 2-96　西班牙地中海建筑

图 2-97　西班牙地中海室内装饰

七、其他风格

1. 日式风格

日式风格又称为和风、和式风格，来源于日本家居装饰风格，以日本地区建筑传统和生活习俗形成的家居风格。无论是传统的日式家居，还是现代风格的日本家居都善用自然材质做装饰，讲究简约、写

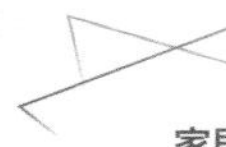

意和意境。

（1）风格起源

传统的日式家居风格最早可追溯至中国的唐朝。家居风格受传统建筑风格影响注重木质结构的应用，在家居装饰上以自然材质和自然风光为题材，体现禅意、清新脱俗的生活情趣。随着日本社会的发展，明治维新之后，传统的日式家居风格开始受西方设计影响，结合本土特色发展，发展成为以简约为代表的日本现代家居。

（2）风格特点

在空间上，受日式建筑影响，空间以低矮为主，擅长利用流动进行分割空间，借助推拉格栅将室内根据功能需求分为一室或多室，注重家居空间功能的实现，如图2-101所示。在色彩上，日式家居空间崇尚自然色系，以白色、米色以及浅色原木色系为主色调进行设计，家具造型以简洁为主，采用原木、竹、藤、麻和其他天然材料颜色，形成朴素的自然风格，不做过多奢华装饰。而是崇尚材质的自然感，水泥、木材、金属或纸，以材质本来面目展现素材独特肌理；装饰上注重自然景色与室内的结合，室内用枯山水、花艺等强调意境，如图2-102所示。装饰图案以樱花、日海、花鸟等描绘自然风光的图案为主。

图2-101 和室设计

图2-102 日式枯山水

2. 东南亚风格

东南亚风格是以东南亚地区家居装饰元素为特征的家居软装风格，近年来颇受人们喜爱。地处热带，气候闷热潮湿，家居装饰上色彩鲜艳，深色木材、藤材家具，金色的壁纸、丝绸质感的布艺，以及宗教相关装饰元素的搭配，形成强烈的色彩和材质对比，使得东南亚家居风格散发浓浓的热带风情。

（1）风格起源

东南亚地区包含了泰国、新加坡、柬埔寨、越南、马来西亚、印度尼西亚等，在家居风格上，自郑和下西洋起，东南亚地区家居具有中国明清家居的特征，另一方面，受西方殖民地影响，西方奢华的家居风格也会影响东南亚地区；结合东南亚当地气候、人文等因素，形成了各民族文化融合的、独具魅力的东南亚家居风格。

（2）风格特点

在空间上，受气候影响，家居空间开放性较好，室内自然光采光，窗帘选择纱帘、竹制卷帘等，木质材料装饰地面、墙面和天棚等；拱券结构也会出现在家居空间中；家居色彩丰富，采用蓝色、紫色、黄色等大面积对比色进行装饰，家具等木质装饰以棕色、褐色深色系为主，装饰色彩艳丽，如图2-103所示。装饰纹样融入植物纹样、水果纹样等；鸡蛋花、鸢尾花、鹤望兰、睡莲等热带植物也是不可缺少的元素。

3. 混合式风格

混合式风格即混搭风格，将不同的家居风格合理地应用在一个家居空间中，融合不同风格的精粹，将功能、结构、色彩、装饰等元素和谐地融入家居空间中。

（1）东西方风格混合

在设计的过程中，采用东西方风格混合，即以中式、日式、东南亚风格等东方风格与西方风格进行混搭。例如中西混搭的过程中，可以以中式风格作为主体，在家具上选择现代中式家具，布艺、灯具、

图 2-103 东南亚风格室内

图 2-104 东西方风格室内

图 2-105 传统中式与现代风格混搭

地面装饰材质等选择北欧风格进行搭配，从而丰富空间的层次感，如图2-104所示。

（2）古今风格混合

采用古今风格混合，即以传统与现代进行混搭，既可以是一种风格的传统与现代进行混搭，也可以是一种风格与另一种现代风格进行混搭。在设计的过程中，同样以一种风格为主，另一种风格局部搭配。例如传统中式与现代风格混搭，设计过程中以现代风格为主进行家居空间、色彩和家具的搭配作为风格主体，装饰设计采用传统中式灯具、家具等软装产品装饰室内空间，丰富空间层次，如图2-105所示。

任务实施

布置学习任务

本次任务了解现代家居空间的基本风格类型与特征，结合生活方式定位方案，参照家居空间色彩定位方案，为业主进行家居空间风格定位方案设计。

总结评价

对风格方案进行评价，结合该风格的色彩、家具、软装产品及装饰元素运用等方面进行评价。

思考与练习

1. 家居风格的基本分类有哪些?
2. 主流装饰风格的特征有哪些?
3. 简述美式风格、中式风格、现代风格家居空间中的装饰特征。

巩固与拓展

现代家具品牌的风格特征调研。

任务四　空间规划与平面设计

任务目标

通过本任务的学习，学生能够独立完成家居空间平面流线规划方案设计，对家居功能空间进行合理规划，完善功能空间的流线设计，从而营造科学、舒适的家居软装空间，便于后续的产品摆放。在此过程中逐渐提高学生资料收集与应用、专业表达与答辩的能力，逐步提升发现问题和解决问题的能力。

任务描述

通过学习本任务的知识储备部分内容，完成学习工作性任务——家居软装设计概念方案设计中的平面规划方案。学生以个人为单位，能够应用家居空间进行功能分区和平面流线规划。

工作情景

采用学生现场介绍、评价，教师引导学生理论与实践相结合的一体化教学方法，教师以家居软装方案为例，进行软装方案的介绍，学生根据教师的操作演示和学习任务完成工作任务。教师对学生的工作过程和成果进行评价和总结，学生根据教师指导改善方案。

知识储备

在进行家居空间软装设计的过程中，要能够将产品合理摆放到家居空间中，摆放产品之前要能够结合户型图对家居空间进行规划，按照功能需求进行功能分区，确定功能空间后，规划家居空间的动线，进而为后续产品的布置做基础。

一、家居空间界面

1. 家居空间界面种类

家居空间界面是指围合成居室空间的底面（即地面）、侧面（墙面、隔断、柱体半墙等）和顶面（天棚）。对家居空间的软装设计，要明确家居空间各个界面的结构和功能，便于进行软装产品的选择、搭配与布置。

（1）顶面

顶面，即天棚，是家居空间中最高的界面。在建筑施工过程中，在楼板底面直接喷浆、抹灰或粘贴装饰材料、悬挂吊顶等。家居空间的吊顶可以采用扣板或石膏板，以起到遮挡管道或制作造型的作用。此外，部分不规则造型或极具设计感的顶面还会有窗的造型。在对顶面进行软装设计的过程中，除顶面的造型设计符合空间的风格色彩定位，空间照明设计，包括灯具造型设计、采光度等成为重点元素。家居空间吊顶如图2-106所示。

（2）侧面（墙面）

此处的侧面主要讲述墙面。墙面是建筑空间中分割的空间基本元素。在家居空间中，墙面主要起承重和分割空间的作用。实体墙面在建筑中起承重的作用，半墙用于分割空间，门窗的墙面增加空间的流通性和采光。墙面的造型自由度较大，根据空间需求有不同的形态，如直、弧、曲等；根据造型需求，也可以由不同材料构成，实体墙面、半玻璃幕墙、木格栅

图 2-106　客厅空间吊顶

等。家居空间里，墙面是表达设计意图的重要界面，并与家具、布艺、灯具等相互影响，如图2-107所示，电视背景墙贴壁纸后，空间表现效果强烈。

（3）地面

地面是家居空间中最低的界面，是支撑家居空间的重要界面。地面的造型与布局、地面色彩的轻重、材质肌理是影响整个空间色彩主调和谐与否的重要因素。因此，在居住空间设计上既要充分考虑色彩构成的因素，又要考虑地面材质的吸光与反光作用。例如，客厅空间家居软装较为丰富，地面材质和色彩选择简单朴素为主，入户玄关处家居软装较少，丰富空间可以在地面选择拼花等材质丰富空间，如图2-108所示为玄关拼花地面。要求单纯、明快，符合人们的视觉心理，避免视觉疲劳。

图 2-107　客厅空间电视背景墙贴壁纸

图 2-108　玄关拼花地面

2. 家居空间界面处理

（1）界面造型效果处理

界面造型的处理是通过家居空间的界面形状、图形线角、肌理构成的设计，以及界面和结构构件的连接构造管线等设施的协调配合进行的空间装饰。天棚在造型塑造上多以吊顶、各种样式石膏线脚形成丰富的视觉感受。室内过高，则适合做多级吊顶，增加空间层次感；室内空间高度有限，则采用简单的石膏线做造型，提高天棚的视觉效果。在造型塑造上，大面积的造型可以采用石膏线、材质和墙洞等形式进行设计，在墙面采用矩形等石膏线造型装饰，如图2-109所示；也可以采用壁纸、墙裙等装饰墙面。地面造型的处理以空间功能为主，可以根据地面的高度结合空间特征进行造型变化，如在地面造型采用阶梯、地台等。

图 2-109　墙面石膏线装饰

（2）界面色彩效果处理

在软装设计中，家居空间的界面色彩是整个空间的背景色，决定了空间的色彩格调，结合家具空间的色彩与风格，搭配软装产品。在色彩的效果处理上，界面色彩可以以纯色为主，搭配家具能够形成和谐的视觉效果；若为衬托室内空间的视觉重点，可在墙面色彩上做一面特意色彩，例如电视背景墙、床头墙面等。在家居空间界面色彩的选择上，能够运用浅色和深色搭配产生不同的视觉效果。浅色系清晰明亮，在顶面多以浅色为主，增加室内空间的视觉高度。

（3）界面材质效果处理

界面材质的处理是通过墙面、地面和天棚选择不同的装饰材料，使家居各界面具有质感。不同的风格空间在材质的选择不同，塑造的家居空间效果也不同。随着装饰材料的不断丰富，家居空间的界面材料也逐渐增多。地面材质的选择上，多以地砖、石材、地板、地毯等材质具有不同的质感和视觉效果。天棚在材质的选择多以脚线和吊顶的材质进行装饰。在材质选择上，以轻

图2-110 墙面石材装饰

钢龙骨石膏板吊顶做隔断墙的多，用来做造型天花的比较少。墙面在用材上，以乳胶漆、涂料壁纸、扣板、墙裙、硅藻泥等为主，在特殊空间还会采用扣板、陶瓷等。如图2-110所示为墙面石材装饰，可使空间具有质感。

（4）界面功能处理

在进行界面处理的过程中，除基本的装饰性，还需要注意界面功能的表现。顶面，是家居空间中的“天”，在功能上要能够有较高的隔声、吸声性能，特别是在现在的楼梯建筑中，同时要满足保暖、隔热、隔湿的要求。墙面具有承重和分割空间的作用，可以遮挡部分视线，形成功能空间。不论在楼房还是独栋建筑中，都要注意地面具有耐磨、防滑、易清洁、防静电等基本功能；在厨房和洗手间，防滑、防水为最重要的功能。

二、空间设计

1. 空间规划

住宅承载了一个“家”的众多功能：居住、会客、学习、娱乐等。现在对室内空间布局设计的要求越来越高，一个好的家居空间设计要有良好的功能，同时能够满足精神需求，这就需要对家居空间进行合理的规划。空间规划，即根据家居生活的使用功能对家居空间进行布局，对家具、灯具、画品、花品等软装饰品的空间位置进行布局，需要结合家居空间的功能分区、流线规划和界面设计综合进行空间规划。如图2-111所示为家居空间平面图。

（1）空间布局合理原则

家居空间最重要的作用是人的使用，在功能的规划上，既要保证物质功能，满足休闲娱乐、会客、学习等需求，家具、灯具、布艺等物品能够发挥最大的功能价值，同时要满足精神需求，即家居空间规划过程中，能够营造温馨舒适的家居环境。

（2）动静、干湿、明暗、公私分区原则

动静分区即将家居空间内公共活动空间与有安静需求的空间适当分开，以避免相互干扰。动区，如客厅、餐厅、厨房、次卫等，静区，如卧室、书房、主卫等。通过动静分区使会客、娱乐或者进行家务的人能够放心活动，同时不会过多打扰休息、学习的人，这就使得住宅功能设计更加合理，居住者更舒适、方便。动区是人们日常活动的区域，无论是对于主人还是访客，动区在设置上通常靠近入户门设置。静区主要供居住者休息，相对比较安静，应当尽量布置在家居空间内侧。如图2-112所示为动静分区。

在家居空间中需要干湿分离。“干区”是指卧室、客厅、书房、会客区域等，“湿区”即厨房、卫生间、浴室等区域，将厨房、卫生间等湿区集中设计，这样用水方便，又利于室内的清洁，也可以保持客厅、卧室等干燥空间干净和整洁。

客厅、书房等空间需要高亮度的照明，而卧室、餐厅等空间则以温馨、低照度为主，形成明暗的分区。在单独某个功能区需要照明时，可使该区域明亮并且精彩，突出空间主题，视觉效果强烈。

公私分区是将家居空间中私密的空间与公共空间分割开，即在流线规划的过程中能够设计保护好家居空间的私密性，保护居住者的隐私。

图2-111 家居空间平面图

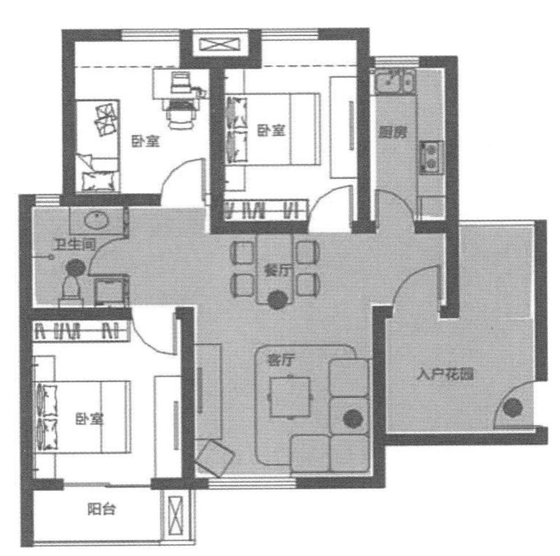

图2-112 动静分区

（3）整体化个性构思原则

在对家居空间进行规划的过程中，能够注重空间的整体，使家居各空间成为一个有机的整体。了解采光、灯光、通风、温度等涉及人们居住的物理环境以及水电设计等硬装设计后，再进行软装设计。了解业主家中人口、生活方式、爱好、习惯以及经济条件等做出初步规划，不同性格和生活背景的业主，行为和习惯的不同也会影响客厅、空间等的布置。在参与人员比较多的区域，进行使用功能及空间风格的整体定位。在进行家居空间的功能规划和空间布局时，结合家的动线规划进行动静、干湿、明暗、公私、虚实进行家居整体规划。

2. 空间尺度关系

空间尺度即在家居空间内家居产品能够按照一定的尺度关系进行陈设，既满足家居需要供人使用，同时起到装饰作用。从功能性和装饰性上看，家居空间内基本设施如家具、灯具、软装布艺等的形体、尺度需要结合人体工程学，以人体的基本尺度为主要依据进行设计。同时，基本设施之间的距离也需要结合人体工程学进行设计，为了能够方便居家生活，家居空间的家居、灯具等软装产品周围要留有必要的活动空间和使用的最小余地。

（1）家具产品尺度

客厅、卧室、餐厅参数设计可以参考人体工程学尺寸，例如客厅空间沙发放置的基本尺寸如图2-113和图2-114所示，这些尺度要求能够使家具等产品在家居空间中实用、适用与易用。

（2）物理环境参数

家居空间的物理环境参数是指提供适应人体的室内物理环境的最佳参数。家居

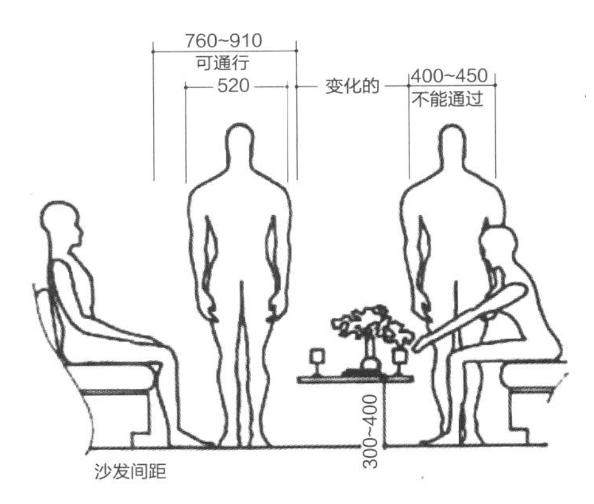

图2-113 沙发间距

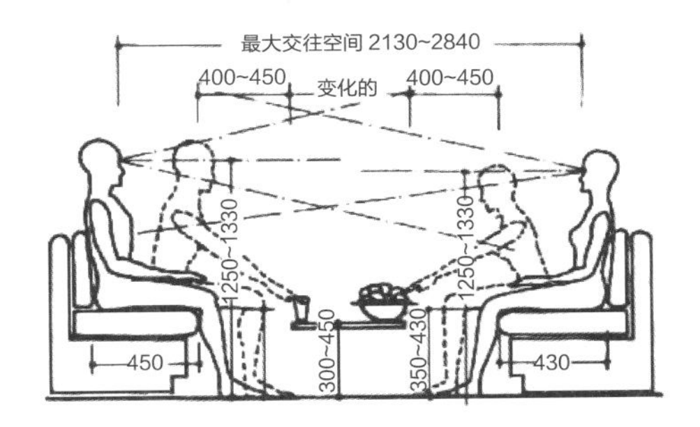

图2-114 沙发间基本尺度

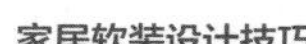

空间的物理环境主要有热环境、声环境、光环境、重力环境、辐射环境等，在家居空间的设计过程中需要结合上述要求的科学的参数后，进行家居空间的空间环境设计。根据《GB 50034—2013建筑照明设计标准》家居空间的照明参数如表2-5所示。根据《GB 50736—2012民用建筑供暖通风与空气调节设计规范》家居空间内供暖与空间参数如表2-6所示。

表 2-5 家居空间的照明参数

房间或场所		参考平面及其高度	照度标准值 /lx	Ra
起居室	一般活动	0.75m 水平面	100	80
	书写、阅读		300	
卧室	一般活动	0.75m 水平面	75	80
	床头、阅读		150*	
餐厅		0.75m 餐桌面	150	80
厨房	一般活动	0.75m 水平面	100	80
	操作台	台面	150*	80
卫生间		0.75m 水平面	100	80
电梯前厅		地面	75	60
走道、楼梯间		地面	50	60
车库		地面	30	60

表 2-6 家居空间内供暖与空间参数

类别	热舒适度等级	温度 /℃	相对湿度 /%	风速 /（m/s）
供热工况	Ⅰ级	22 ~ 24	≧ 30	≤ 0.2
	Ⅱ级	18 ~ 22	—	≤ 0.2
供冷工况	Ⅰ级	24 ~ 26	40 ~ 60	≤ 0.25
	Ⅱ级	26 ~ 28	≦ 70	≤ 0.3

注：Ⅰ级热舒适度较高，Ⅱ级热舒适度一般

（3）视觉效果处理

视觉效果处理即对家居空间中的视觉环境进行设计，科学依据人眼的视力、视野、光觉、色觉等视觉要素和人体工程学的数据对家居空间的光照、色彩、视觉区域进行设计，形成最佳的视觉效果。例如，在室内空间中利用色彩形成错觉扩展空间。在家居空间中，为了塑造竖高空间，利用竖线做造型，色彩“天轻地重”，顶棚色彩轻，墙面造型上升，整个空间视觉效果就会显高，如图2-115所示，塑造高耸空间；反之，营造低矮的空间，则可采用“天重地轻”的色彩搭配，使室内空间稳重。在塑造空间中，若想空间具有延伸感，则可以借助材质来实现。如可以采用镜面设计，通过镜面反射使空间更具有层次感，例如，法国凡尔赛宫的廊镜就是采用这种设计形式，如图2-116所示。

"地"重效果

"天"重效果

图 2-115 地面与天棚重色设计效果

图 2-116 凡尔赛宫廊镜

3. 家居空间功能分区

在家居空间的设计中，为使用者创造具有安全感、个性化与安全性需求的空间。先根据家居空间的功能进行分区，再进行流线规划配置产品。目前，在国内进行家居空间的软装设计上，功能空间受户型限制，家居空间以多种功能兼具进行设计。从功能空间上看，可将家居空间分为门厅（玄关）、客厅（起居室）、主卧、儿童房、餐厅、厨房、书房、浴室、阳台。

不同的住宅户型家居空间功能有所差异，具体如表2-7所示。配置的家具、软装产品的种类和数量都会有所差异，要结合业主对于家居空间的功能需求，对家居空间的功能进行分区，再进行家居产品的配置。

表 2-7 家居空间功能与产品配置

家居空间	类别	功能	家具配置
门厅	合并式、独立式、阳光厅	换鞋、通行、展示、换衣、储物	玄关柜、角柜、鞋柜、椅、伞桶等
客厅	会客厅、起居室	团聚、会客、娱乐、交谈、看电视等	沙发、茶几、休闲椅、电器、装饰品、边柜等
餐厅	早餐厅、中餐厅、西餐厅、下午茶	就餐、团聚、交谈等	餐桌、餐椅、餐边柜、酒柜等
厨房	中厨房、西厨房	备餐、做饭、储藏	橱柜、餐具、炊具、器皿
内室	书房、主卧、次卧、老人卧、儿童卧、客人卧、保姆卧	更衣、就寝、休息、学习、工作、看电视	床、床头柜、梳妆台双人沙发、电视柜等
休闲	茶室、棋牌室、健身室、台球室、影音室、雪茄室、红酒室、酒窖	视功能需求而定	依照功能选择家具产品
卫浴	公卫、主卫、次卫、桑拿室、洗衣房、晾晒房	如厕、沐浴、洗衣、储藏、晾晒等	洗手盆、储藏柜、收纳柜等

（1）门厅

步入家居空间后，入门口进入的空间包括门厅、入户走廊、入户花园等，根据家居空间的大小不同，廊厅具备的功能不同。

走廊则是过渡各个空间的通道，应该起到过道的作用，在软装设计的过程中，以顺畅为主，结合走廊的宽度和比例进行设计。大型的过道，除通过挂画装饰外，也可以根据空间需求用展示柜、玄关桌等物品进行空间的过渡，同时注意走廊的照明设计。

有些入户空间过大，可以根据业主需求设计成入户花园的形式，借助绿植花艺、假山石等造型设计，营造室外过渡到家居空间的景观。入户花园的设计，基本以满足精神需求为主，迎合主人自然的生活气息。

具体来看玄关的设计形式主要有以下六种：门厅式、直接入户式、低柜隔断式、柜架过渡式、玻璃通透式、格栅围屏式。设计特征如下：

①门厅式：即入户后室内空间单独分出一个空间，以供换鞋使用，在设计上形成了区分室内和室外的过渡空间，如在日式和韩式的家居入户玄关设计，如图2-117所示。

②直接入户式：这类玄关受户型限制，通常过渡空间较小，直接开门进入家居空间，玄关到客厅空间无明显过渡，如图2-118所示。

③低柜隔断式：以吧台、半墙隔断、低矮型柜体等家具的形式进行玄关造型，使玄关空间具有储物功能的同时，在家居空间具有过渡作用，如图2-119所示。

④柜架过渡式：采用衣柜、鞋柜及储物架等高型家具对玄关空间进行装饰，如图2-120所示。

⑤玻璃通透式：即大屏玻璃做装饰墙，或者采用框架镶嵌玻璃、彩绘玻璃、压花玻璃等通透的材料进行玄关空间的装饰。采用这种形式的玄关空间能够有较好的装饰性和采光条件，也有家居空间整体的完整性，如图2-121所示。

⑥格栅围屏式：即采用木材、金属等材质制作成格栅的造型装饰在玄关空间，采用格栅式多以装饰为主，如图2-122所示。

（2）客厅

客厅又叫起居室或起居厅，是指家居空间中供居住者会客、娱乐、团聚等活动的空间。在国外的住宅设计中，起居室通常是指在卧室外或者旁边的一个类似于客厅的房间，是家人集中活动的空间，设置音箱、电视等休闲娱乐设备。在国外的住宅设计中起

图2-117 门厅式玄关

图2-118 直接入户式玄关

图2-119 低柜隔断式玄关

图 2-120 柜架过渡式玄关

图2-121 玻璃通透式玄关

图 2-122 格栅式玄关

居室不同于客厅，起居室对“内”为居住者使用，小而私密，一般不对生客开放；而客厅则主要是用于接待外客。

客厅空间的功能设计要结合空间的大小、界面设计和流线规划进行家具布置。沙发、茶几和电视柜作为客厅的中心，不同的空间可以采用不同的家居布置，充分利用空间的同时，使客厅功能达到最大化。客厅空间的布置形式要能够结合客厅空间的特点进行布局，在形式上主要有“一”字式布置、“L”形布置、“C”形布置、对角式布置、对称式布置、围合式布置、地台式布置。具有如下特征：

①“一”字式布置：沙发沿一面墙摆开，呈“一”字状，前面摆放茶几、电视柜，这种客厅布置适合起居室较小的家庭空间，或者客厅空间面积小的小户型家居空间。沙发的选择多以三人位为主，满足基本的家居生活使用，再搭配单人座椅或者沙发。“一”字式的客厅布置，能够使客厅的空间在视觉上更加宽阔，不显拥挤，也方便在客厅空间的活动，如图2-123所示。

图 2-123 “一”字形布置

②“L”形布置：即沙发具有转角，或者在摆放的过程中，沙发或沙发椅按照“L”形进行摆放。“L”形的沙发能够适合较多的房形，布局的适用性强，可以充分利用客厅有限的空间，不会让空间过于拥挤和狭窄，比较适合中等面积的户型，如图2-124所示。

图 2-124 “L”形布置

③“C”形布置：也称为“U”字形布置，利用沙发和沙发座椅摆放出相对围合的家居结构，可以沿三面相邻的墙面布置沙发，中间放茶几，也可以在主体摆放三人位沙发，两侧分别采用单人座椅和双人座椅的形式构成“C”形。这类客厅空间，沙发和座椅摆放较为紧密，能够合理利用客厅空间，也便于在此空间的人交谈，视线也能环顾客厅空间，方便交谈和娱乐，如图2-125所示。

图 2-125 “C”形布置

④对称式布置：即在家具摆放的过程中，遵循严格的对称式布局，这种客厅布置方式出现在欧式古典风格和中式风格中，借鉴欧洲古典对称形式或中国传统布置形式进行空间布置，能够使客厅空间的氛围庄重，家具之间也能够具有较强的层次感，适于较严谨的家庭采用，如图2-126所示。

图 2-126 对称式布置

⑤对角式布置：两组沙发呈对角不对称布置，空间显得轻松活泼、方便舒适。在进行客厅空间的布置中，“C”字形和对称式布置在形式上以严谨为主，会使空间过于拘谨和严肃，而对角式布置则可以打破空间的这种拘谨感，让空间更加具有灵活性，如图2-127所示。

图 2-127 对角式布置

图 2-128 围合式布置

图 2-129 地台式布置

⑥围合式布置：将沙发和坐具以茶几为中心进行围合式布局，这种布置形式适合以娱乐、休闲为主的家居生活，如喜欢桌游、下棋、打牌等游戏的家庭，游戏者可各据一方，进行游戏、娱乐。这种布局具有很好的私密感，大家围坐在一起，谈话气氛更为融洽，打造良好的客厅凝聚力，能够营造轻松、欢快的客厅空间，如图2-128所示。

⑦地台式布置：利用客厅空间的地台和下沉的地坪，形成坐具空间，不另设座椅，只用靠垫和坐垫才形成座位，客厅能够在水平空间上富于变化，具有松紧随意、自然自在的特点，如图2-129所示。这种客厅空间在布置的过程中，要考虑家居空间的实际结构，楼层间的家居空间设置此类形式则会增加空间的成本，还会使家居空间过于低矮。

（3）卧室

卧室又被称作卧房、睡房，满足休息、睡眠基本需求，还具有梳妆、储存等功能。卧室空间以床、床头柜形成睡眠区，以梳妆台为梳妆区，以衣柜为储物区，以休闲椅、电视机为休闲区，以主卧室专用卫生间为卫生区。卧室空间属于家居空间中私密性最强的空间领域，设计上应具有隐秘、恬静、舒适、健康的特点，同时要追求温馨、温暖的氛围和私密性、舒适、安全感。《GB 50096—2011住宅设计规范》规定，卧室、起居室（厅）还应符合如下标准，见表2-8。

表 2-8 卧室、起居室（厅）标准

项目	布置	采光	噪声级	管道
要求	不应布置在地下室	有天然采光	昼间卧室内的等效连续A声级应不大于45dB	排水管道不得穿越卧室
	当布置在半地下室时，必须对采光、通风、日照、防潮、排水及安全防护采取措施	采光窗洞口的窗地面积比不应低于1/7	夜间卧室内的等效连续A声级应不大于37dB	燃气设备严禁设置在卧室内
		有自然通风	起居室（厅）的等效连续A声级应不大于45dB	—

根据使用对象的不同，可以将卧室分为主卧、次卧、客卧、老人房、儿童房等，床品的选择上也有所不同。可以根据卧室空间的大小不同，将卧室与起居室或书房等结合在一起，具有休息和休闲的功能，如图2-130所示。

进行卧室空间设计时要注意以下几点：

①空间确保良好的私密性：卧室是供人休息、睡眠的重要场所，隐私性和安全性是卧室设计的基础，卧室的私密性是最重要的属性。卧室空间不适合做开放性的空间设计，如卧室与客厅空间直接相连，客人

来到客厅，就能对卧室一览无余，使得卧室空间毫无私密性可言。分隔空间的材料应选择隔音好、吸音性好的装饰材料，门板多以不透明的封闭性材料为主。要注意自然采光，卧室空间的窗要能与室外空间相通。

②卧室使用具有便捷性：卧室空间能够为人创造出方便使用的功能区域，睡眠区、梳妆区域、储存区、休闲区和卫生区尽量具备。功能区域要能结合卧室空间的特点进行设计，避免过于狭窄。除睡眠区，换季的衣物、被褥、贵重物品等则需要足够的空间进行存放，要便于取用；衣柜、衣橱的摆放也是卧室空间设计的重点。卧室空间生活用品的摆放设计要合理、便利，如床头柜放置台灯、闹钟等随手可以用的物品。

③科学合理的室内采光：卧室空间的室内采光也是设计的重点，白天以自然采光为主，夜间则以人造光源为主。尽量不要使用装饰性太强的悬顶式吊灯，这种灯具会产生较多阴暗的角落，也会在头顶形成太多的光线，不利于使用，直接投射床身的光源也会太过刺眼。可以选择漫反射光源，使房顶显得高远，也可以使光线柔和，不直射眼睛。除主要灯源外，还应设台灯或壁灯，以备起夜或睡前看书用。另外，角落里设计几盏不同颜色的射灯，调节房间的色调。

④空间界面处理得当：卧室的色调和材质是构成界面的两大方面，卧室空间的墙面、地面、顶面面积很大，构成卧室空间的背景色；床品和布艺面积也较大，构成卧室空间的主体色，搭配画品、花品、床罩等点缀色彩构成家居的卧室空间，这两者的色调搭配要和谐，要确定背景色的主色调。卧室空间界面材质的选择上，要使窗帘和床罩等布艺饰物的色彩和图案统一，避免卧室色彩、图案过于繁杂，给人凌乱的感觉。

图 2-130 卧室设计

⑤注重表现风格特征：虽然卧室空间是休息的空间，属私人空间，不向客人开放，但是卧室空间的设计依然要能和整体的家居风格匹配，在设计时要能够愉悦使用者。在卧室空间的风格表现上，不必做过多复杂的造型，天棚、墙壁的处理以简洁为宜，通过家居装饰营造空间氛围，通过床罩、窗帘、床、衣柜、衣橱等家居软装饰体现风格特征。

（4）儿童房

儿童房是小孩子的家居空间，通常是将次卧的位置作为儿童房。在功能上，儿童房应该具备卧室、起居室和游戏空间的功能。良好的空间对于儿童的性格和创造力都有很重要的意义。不同年龄设计的偏重也会有所不同，儿童年龄、性格特征及装饰要点如表2-9所示。

表 2-9 儿童房设计要点

儿童阶段	性格特征	家居装饰要点
婴幼儿期：0 ~ 3 岁	开始认知色彩和形状	色彩应采用三原色，简单明了，易于儿童识别，装饰品采用较为常见的形状，如圆形、方形等
学龄前期：3 ~ 6 岁	活泼、好动，想象力丰富	提供尽可能多的整块活动空间，色彩也应当丰富，激发想象空间，注意空间收纳功能
少儿期：6 ~ 12 岁	独立性，具备学习能力	简单适用的家具，如写字台、书架、衣柜
青少年期：12 ~ 16 岁	能和周围的人建立良好的关系	可依照孩子喜好和社交需求进行设计

儿童房的设计，要能将儿童健康成长因素考虑其中，培养儿童认知、独立学习和生活能力，注意色调、采光和安全性的合理搭配。

儿童房在背景色设计上，可以根据孩子的性别选择多彩色作为墙面的色调，如淡粉、淡蓝色、黄色或米色等纯正而鲜艳的颜色作为主色调，如图2-131所示。可以采用星空等装饰屋顶，家具产品和软装布艺等也可采用童趣的色彩和装饰元素，营造童趣空间，让儿童在自己的小天地里自由地学习、生活。

采光设计上，儿童房最好是向阳的，具有自然的采光和通风。但是现代家居空间的户型并不能保证儿童房向阳，因此在设计时如果儿童房是背阴的房间，那么空间的照明一定要高于成年人的卧室，再配以辅助光源。书桌的灯具光线要柔和、均匀。充足的照明能使房间更温暖，也能让孩子更有安全感。

安全性的设计上，主要考虑到儿童空间内家居产品的原料安全、绿色环保，“无污染、易清理”，儿童家具的摆放要平稳坚固，如果有玻璃等易碎产品则需要放置在幼儿够不到的地方，同时儿童房内近地面电源插座设计成隐蔽性插座，防止幼儿触电。

儿童房设计要能合理巧妙地利用室内空间，宜采用多功能、组合式的设计形式，以适应儿童的发展。要能够留有大面积的游戏区和玩具、衣物的贮藏区，家具的选择以多功能和多造型、多变性的组合家具为宜。结合儿童兴趣爱好留有一些趣味区域，如涂鸦区、手工区等。

（5）书房

书房即家庭办公区域，在功能上具有阅读、书写、休息的功能，也是在家庭空间中学习、研究、工作的空间。书房是从事文教、科技、艺术工作者必备的活动空间，既是其家庭办公的功能空间，也是家庭中休闲娱乐的一个场所。现代家居空间在进行设计的过程中受户型限制，书房空间往往是兼具空间，会与次卧、客卧等内室空间合并。书房设计如图2-132所示，书房的面积与功能形式如表2-10所示。

图2-131 儿童房设计

图 2-132 书房设计

表 2-10 书房的面积与功能形式

书房类型	面积 /m^2	功能需求
独立功能书房	≥ 10	工作、接待、储藏等
特殊要求书房	≥ 10	专业画室、设计创作室、手工坊等
兼具卧室功能书房	2~3	卧室或客厅一角，布置简单，书写、学习功能

书房空间设计要使功能空间保持相对的独立性，特别是对于从事专业工作者来说，需要专业作业区域，如美术、音乐、写作、设计等人士。专业书房设计应以进行工作为设计出发点，通过书桌、椅子、书柜等家具完成书房空间基本功能的实现。书房空间的设计应包括以下几个部分:

①工作区：工作区域是书房空间最重要的功能区域，承担阅读、书写、创作等功能需求，是书房空间设计的中心区，要有良好的位置、采光和通风。工作区通常由书桌、工作台、工作架及舒适的座椅构成。

②接待交流区：书房还有会客、交流、商讨等功能需求。家庭书房也是家庭办公的重要区域，在设计上应书房的实际面积和功能要求而有所区别。在大型书房中，会客区域可以由沙发、茶几组成，在小空间的书房区域内可以由客椅与工作台组成。

③储物区：书房除了工作、会客外，储藏区域也是设计的重点，书刊、资料、用具等物品存放是保证书房空间干净整洁的重要需求，因此，对于书房空间的设计还需要有书柜、置物架、书橱、书箱等储物功能。

（6）餐厅

餐厅是家居空间中用餐和宴请客人的重要空间。餐厅空间往往展示了家庭的生活方式和生活质量，餐厅的设计上要能够满足功能需求，还需要展示主人的家居生活气息，营造温馨愉快的用餐氛围。根据现代家居空间的特征可以将餐厅空间分为独立式餐厅、客厅兼餐厅和厨房兼餐厅三种主要形式。家居空间的餐厅空间在功能上要能最大限度利用好空间，使餐厅布局合理，具有用餐、储物和展示等功能。

在用餐功能上，需要有餐桌、餐椅，根据餐厅的空间大小选择合适的餐桌和配套餐椅。通常餐桌可以分为四人桌、六人桌、八人桌、圆桌和折叠桌，根据餐厅空间的特征选择餐桌再进行搭配座椅。餐厅空间过小则适合选择折叠桌和四人桌，餐厅空间为长方形则适合选择六人桌和八人桌，餐厅空间过大则适合摆放圆桌，突出餐厅空间的大气。

在储物功能上，需要餐边柜、储物柜等来实现。餐厅是提供用餐的主要场所，应与厨房距离较近，方便使用。餐具等辅助用餐用品收纳在餐边柜等家具中，既起到收纳作用，同时也能保证餐厅空间的整洁性。

在展示功能上，餐厅空间主要通过装饰产品来体现。在家居空间内做置物架、餐边柜、红酒柜等用于摆放酒具、烛台、花艺等装饰产品，烘托餐厅空间高雅、温馨的用餐氛围。同时，也可以借助射灯展示墙上的花品和收藏品，使餐厅空间有重点展示物品，如图2-133所示。

（7）厨房

厨房是用于准备、清洗食物并进行烹饪的房间。厨房软装设计主要是对厨房生活用品进行摆放。不同于其他家居空间，厨房空间的家具产品基本在硬装结束时就基本完成，立柜、吊柜、抽屉橱等基本完成摆放和布局。此外，厨房空间的基本设备也基本完成，包括现代化的炉具，如燃气灶、电炉、微波炉或烤箱；清理台，包括洗碗槽或洗碗机，以及储存食物的设备（冰箱、冷柜）等。根据家居空间的户型特点，可以将厨房空间分为“一”字形、“二”字形、“L”形、“U”字形和中岛式。

“一”字形厨房空间的功能区域集中在一侧。厨房活动易反复，功能工艺规划上按照洗、备、烹、盛食物等。“一”字形的厨房空间多用于长形房或空间狭长的厨房，特点是功能能够满足基本家居使用，易清洁。沿着墙面一字排开，较为经济。“一”字形厨房如图2-134所示。

“二”字形厨房布局又称为双线布局，即将功能区域设计在厨房空间的两侧，按照直线进行排列。这类厨房空间的设计可以将“一”字形厨房来回反复的过程简化成转身的动作，缩短厨房空间的流线，使厨房空间的交通路线方便，可以容纳更多的功能空间。“二”字形厨房如图2-135所示。

“L”形厨房，又称二角形厨房，是比较节约空间的设计，不完全受厨房面积大小限制。橱柜靠墙壁设计与安装，可以

图 2-133 餐厅设计

图 2-134 “一”字形厨房

图 2-135 “二”字形厨房

节约工作区域，将清洗、配膳、烹饪三个主要的厨房活动结合在一起，比“一”字形和“二”字形厨房空间更能合理利用空间。“L”形厨房如图2-136所示。

“U”字形厨房是“L”形厨房的延伸。“L”形的另一个长边增加一个台面，设计合理的工作区可以用于收纳物品、电器设施等，使厨房用品随手可取，也可以设计成吧台，用于休闲娱乐。“U”字形更适合宽大的长方形厨房，在储物功能上可以增加更多的储物空间，如图2-137所示。

中岛式厨房空间是将操作区域作为独立的形式分割出来。在普通住宅中出现的较少，多出现在厨房空间较大的别墅、独立式住宅等家居空间中。中岛式厨房以大厨房或开放式厨房为主，这种形式可以适合多人参与到厨房空间中，容纳一人或多人一起使用，用于家人、朋友之间交谈，如图2-138所示。

（8）卫浴

卫浴是家居空间中供居住者便溺、卫生、盥洗的家居空间，通常称为卫生间。卫生间的功能主要由卫浴设施完成，需要便器、洗漱设施、洗浴设备以及浴室柜等储物设计，在功能分区上可以将卫浴区域分为如厕区、洗脸区、洗衣区和洗浴区，要结合使用者的需求进行设计。可以分为独立式、兼用式、折中式等布局形式。

独立式卫生间是在卫浴空间内洗漱区域、如厕区域、洗浴区域能够相对独立，互不影响，有各自的空间，这种形式的卫生间能够使各功能区域独立出来，但是对户型要求比较高，需要较大的户型面积来满足独立空间的设计，并且硬装过程中的管线铺设线路长、成本高。独立式卫生间如图2-139所示。

图 2-136 “L”形厨房

图 2-137 “U”字形厨房

图 2-138 中岛式厨房

图 2-139 独立式卫生间

图 2-140 兼用式卫生间

图2-141 折中式卫生间

兼用式卫生间是在卫生间内各个功能区域集中在一起，如厕区、洗脸区、洗衣区和洗浴区设计在一个卫浴空间内。这种卫生间的优势在于可以使功能需求集中，占地面积较小。但兼用卫生间功能有交叉现象，在使用的过程中会带来不便，如公共卫生区有人使用则其他人就很难再用等。兼用式卫生间如图2-140所示。

折中式卫生间在设计的过程中将洗脸区域从原有的卫浴空间相对独立出来，如厕、洗浴等功能区域依然保留在一个空间，即设计的过程中，将洗脸盆、洗手台等独立出来，浴缸、淋浴设施以及马桶等洁具合并于一个空间。折中式卫生间的设计可以合理利用家居空间，同时在功能上也确保卫浴功能同时使用。折中式卫生间如图2-141所示。

（9）阳台

阳台即家居空间中室内的延伸部分，是居住者可以观景休闲、晾晒衣物、摆放盆栽、储物等场所，设计中要兼顾实用与美观的原则。阳台有封与不封窗户的做法。不封的阳台可以使家居空间多一个与室外交互的空间，空气流通和采光较好，但是安全性不够强。而封装阳台的，可以增加安全性，使阳台内与室外空间分割，增加室内空间的安全性，阳台也更加干净整洁。

根据住宅的户型特点和居住者的生活习惯对阳台进行设计，将阳台分为生活阳台和休闲阳台。生活阳台的设计以满足功能需求为主，将阳台空间设计成室内功能的补充，如晾衣和洗衣空间；休闲阳台则是将阳台作为独立休闲娱乐场所进行设计，将阳台设计为观景阳台、花园阳台等，选择不同的户外家具和装饰植物，使阳台成为享受美食、休闲和交谈的家中一隅，利用其大小体现我们的活动习惯。根据功能可以将阳台设计如表2-11所示。

表 2-11 阳台功能

分类		功能	设计形式	分类		功能	设计形式
生活阳台	洗衣间	洗衣、收纳、晾衣等，洗衣机、洗手盆、晾衣架、吊柜等储物柜体，能够达到方便生活的目的		休闲阳台	花园阳台	欣赏花艺、眺望、交谈等休闲娱乐用，以花草、绿植等作为空间的主要陈设，打造家居空间的小花园	
	阳光书房	学习、工作、储物等，配有书桌、椅子、灯具等书房用品，窗帘注意遮光设计			观景阳台	观景、眺望、交谈等休闲娱乐用，配以椅子、小几、坐垫等软装产品，使空间舒适	

三、平面动线

1. 动线概念

（1）动线定义

动线又称为流线，是建筑与室内设计的使用词汇，指人们在建筑或室内空间内移动的轨迹。在空间内人在某一区域停留或活动用点来表示，将这些点连接起来就成为动线或流线。动线将人的行为在一定的空间组织起来，即通过人的流线进行空间的分割，进而划分功能区域。空间动线的合理与否会影响后续软装产品的布置，也影响空间利用效率。

（2）动线的种类

在家居空间中对于动线进行设计，要明确家居空间内动线的基本类型。根据家居空间内可出现的人员类别和活动方式，可以将家居动线大致分为主人动线、客人动线和家务动线。

①主人动线：主人动线是业主及家人在家居空间的流线。这些流线存在于卧室、卫生间、书房等私密性较强的空间。在设计流线的过程中要了解业主的生活习惯，设计符合格调的动线。主人动线在设计的过程中要了解业主家庭的基本成员、生活习惯。在规划动线时，以入门开始，进出各个空间进行设计，男女主人、小朋友的主人动线会有所差异。主人动线如图2-142所示。

②客人动线：客人动线是家中来访的客人在家居空间的行动路线。在家居空间内，以客厅区域为主，以供客人休息、娱乐和工作等。在规划客人流线的过程中应该注意客人流线不宜与主人流线和家务流线出现交叉，以免客人到访对主人其他成员的活动造成打扰。因此客人动线尽量以客厅、公共卫生间、餐厅空间为主。通常起居室和客厅兼具同样功能，在规划时就要保证流线合理，能在客厅空间进行接待、休息、休闲等。客人动线如图2-143所示。

③家务动线：在家居生活中进行家居劳动的过程形成的动线。家居空间中厨房的动线相对比较复杂，其他空间以单线为主即可完成。厨房空间的储藏区、水槽区、作业台、炉具区的顺序决定了下厨流线，合理简洁的规划可以保证在厨房空间的活动省时、省力，提高工作效率。根据厨房形式进行规划，例如“一”字形的厨房规划流线可以选择“冰箱储藏区—水槽—炉具”的顺序，使用会更流畅。厨房区域家务动线如图2-144所示。

2. 动线规划

了解动线的基本类型后，要明确动线规划的基本原则，从而使动线合理。

（1）动线规划应简洁、流畅

在动线规划时，切忌杂乱，应确保流线主线流畅，直线简洁，在后续放置家具的过程中，能够留有足够的活动空间，例如需要在餐桌附近留有可以抽拉餐椅的空间，其他空间同理，确保动线简洁，使人活动流畅。

（2）主人动线与客人动线不宜交叉

家务、客人、主人三条动线不能交叉，是动线设计中最良好的状态。家居空间有限，保证家居环境的舒适性和私密

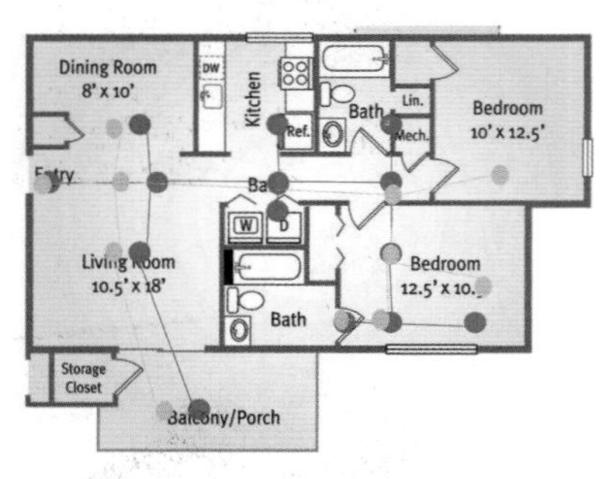

图 2-142 主人动线

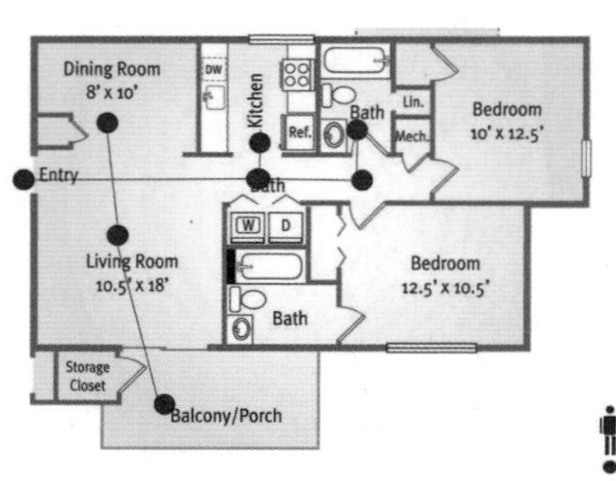

图 2-143 客人动线

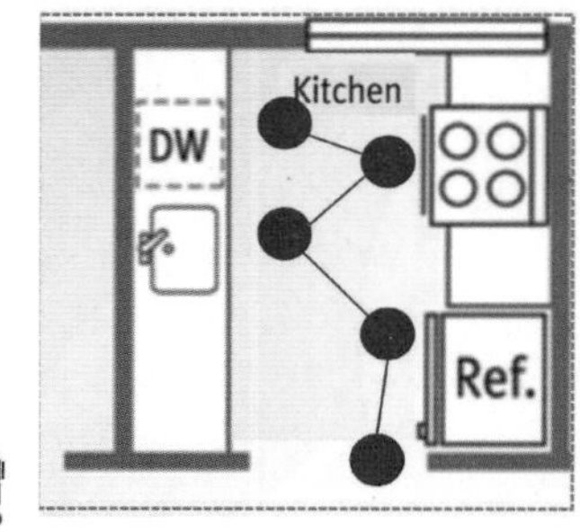

图 2-144 厨房区域家务动线

性，需要避免主人动线与客人动线的交叉。客人动线发生的区域包括客厅、餐厅、卫生间以及书房等，以客厅空间为主，餐厅、卫生间等次之，在规划动线时以开阔为宜，并避免与卧室等私密空间发生交叉。例如，卧室门正对客厅，客人落座后，卧室空间一览无余，毫无私密性。

（3）家务动线简短合理

简单合理的家务动线能够提高效率。例如家务动线过长，家中成员在沙发上看电视节目，结果因为做家务不得不在电视机前往返，就会造成不便。家务动线是最烦琐的，包含烹饪、洗衣、打扫等。最常进行的活动是洗衣、做饭、打扫，所涉及的空间主要集中在厨房、卫生间等区域。

3. 自我检测

对于动线规划是否合理主要可以从流线是否通畅，是否有遮挡，是否有复杂交缠的流线，是否最短并且最合理来判断。流线规划的过程不等于直接穿越墙壁，要保证流线从门经过，合理的流线即便经过门，也能是家居空间中最短的流线；厨房流线规划作为重点，符合空间特征、空间允许，可以做中岛操作区，便于备餐使用。

四、平面动线规划过程

进行空间规划要先明确家居空间的基本信息，了解家居空间平面与立面的界面信息，对家居空间进行功能分区，然后进行流线规划，最后完成某一空间内多种功能的实现。

1. 家居界面分析

在进行家居空间规划之前，需要了解家居的硬装情况，结合家居平面图，了解家居空间内地面、墙面和天棚采用的装饰形式、基本尺寸以及有无特殊造型设计等方面的基本信息，确保家居空间的功能能够顺利实现。平面图线单身公寓的界面信息如图2-145所示。

2. 空间功能规划

根据家居空间平面图，进行家居空间的功能区间划分，使家居空间能够满足使用者日常的生活需求，如换衣、储物、会客、休息、睡眠等使用功能，进行空间的功能规划。单身公寓空间功能规划如图2-146所示。

3. 平面动线规划

根据家庭主要成员在空间中的活动进行流线的规划。在进行流线规划的过程中，动线的规划会影响后期家居的摆放，需要按照流线规划的基本原则进行设计，确保流线顺畅，空间使用效率高。单身公寓平面动线规划如图2-147所示。

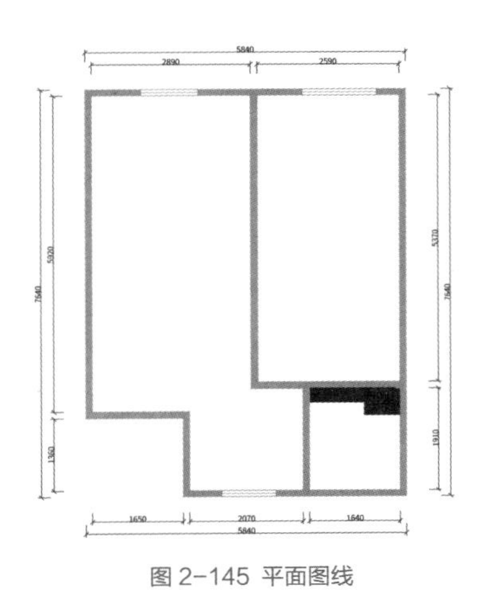

图2-145　平面图线

图2-146　平面功能规划

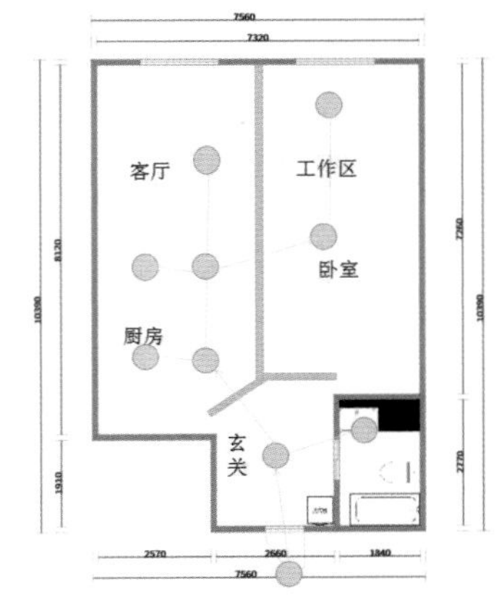

图2-147　平面动线规划

4. 功能空间实现

根据家居空间的流线布置家居产品，使家居空间能够实现使用功能。在进行功能实现的过程中，实现家居的平面图以及立面图等，平面上的产品布置要表现家具，立面可以展示饰品装饰，展示家居空间的使用功能和装饰效果。单身公寓平面效果如图2-148所示。

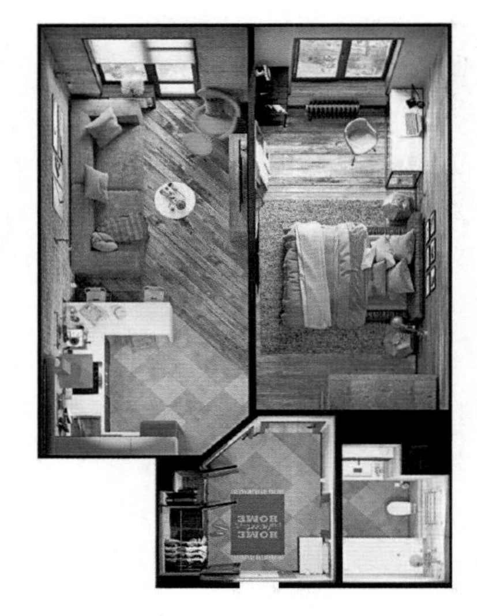

图 2-148 单身公寓平面效果

任务实施

布置学习任务

本次任务了解现代家居空间的功能分区与流线规划，结合生活方式定位方案，参照家居空间色彩、风格定位方案，为业主进行家居空间流线规划。

总结评价

对家居空间平面规划方案进行评价，结合流线规划原则、空间界面处理、功能分区等方面进行评价。

思考与练习

1. 家居空间界面设计的形式有哪些?
2. 家居功能空间的基本类型有哪些?
3. 如何进行家居空间的分区与流线规划?

巩固与拓展

规划家居空间立面效果设计。

项目三 家居软装产品空间索引设计

知识目标

1 了解家居空间中软装产品的基本知识。

2 了解家具的基本分类方式，家具材料的特性；掌握家具的种类、功能、材质特征和选用原则。

3 了解灯具的基本类型，掌握家居空间中灯具的特性和选用原则。

4 了解布艺材料的基本类型和特性，布艺产品的基本种类，掌握床品、窗帘、毯类等布艺产品在家居空间中的选用原则。

5 了解花品的种类，主流花品种类及特性；掌握家居空间中花品如何选用。

6 了解画品的基本类别、装裱方式，掌握在家居空间中如何选用画品。

7 了解在家居空间中软装饰品和用品的基本类别及选用方式。

技能目标

1 能够结合家居空间色彩、风格等特点，进行家居产品的选用与产品介绍；掌握家居功能空间中家具、灯具、布艺、花品、画品、饰品的种类和选用原则。

2 能够分析和阐述家居软装产品的造型、结构、材料和装饰特点。

3 能够运用家居软装产品搭配原则和产品特性进行家居空间产品的搭配设计。

4 能够根据家居空间的概念方案设计选择家居产品，制作家居空间产品索引。

任务一 家居软装产品配置——家具

任务目标

通过本任务的学习，了解家居空间中重要的家具产品的分类方式，家具主要材料的特性，以及在不同家居空间中的家具种类的选用；在家居软装设计过程中，能够结合空间的大小和风格特性，选择家具产品的材料、种类、造型等，能够运用所学的知识进行家居空间中家具产品搭配设计，对家具搭配方案进行评价。

任务描述

通过学习本任务的知识储备部分内容，完成学习性工作任务——家居软装产品家具方案介绍。要求在家居软装概念方案的基础上选择家具产品，从家具的种类、造型特征和材料特性、使用功能等方面对家居软装产品家具方案进行介绍。

知识储备

一、家具分类

家具的分类方法可以根据家具的功能、风格、材料、使用场所等多种方法进行分类，不同的分类方式对于家具的作用和意义也有所不同。在家居软装设计中，可以将家具按照使用功能、造型风格、主要用材和应用的家居空间来进行分类。

通过使用功能分类能够使设计者根据使用的功能需求和家居空间功能需求配置家具，使家居空间功能完善。可以将家具分为坐具、卧具、支承类、收纳类、装饰类和杂件类等，如图3-1所示。

通过造型风格进行分类，主要为家具产品的搭配提供依据，能够使家具之间以及与家居环境协调一致。按照造型风格进行分类可以分为传统风格和当代风格，传统风格又分为西方传统风格和中国传统风格。当代风格根据时代的发展逐渐丰富风格和流派，如图3-2所示。

按照主要用材分类，可以使设计者对家具材料特征和使用有所掌握，便于不同材料的产品在质感、色彩和肌理方面能够相互协调。材料上看可以分为木质、金属、玻璃、塑料等，不同材料的家具在使用和保养上也会有所不同，如图3-3所示。

通过应用的家居空间进行分类，可以使家具的配置满足家居空间要求，使家居配备齐全。同时，在不同家居空间内家具产品的色彩、材质和功能尺寸也会有所不同。具体来看按照功能空间，可以分为以下类别，如图3-4所示。

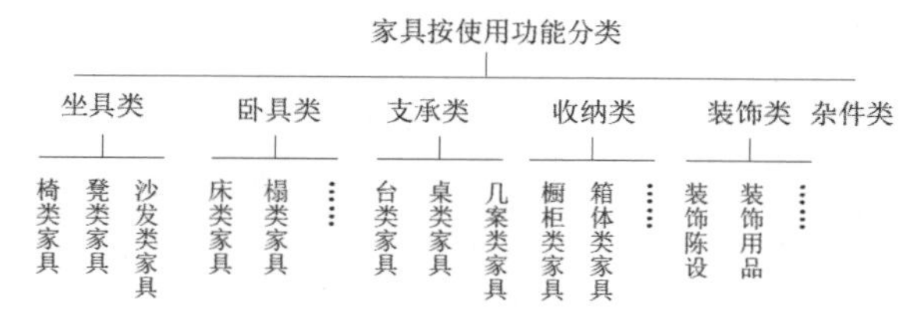

图3-1 家具功能分类

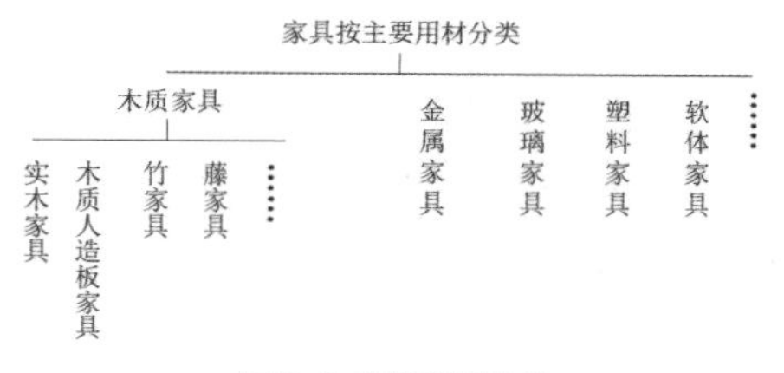

图3-3 家具用材分类

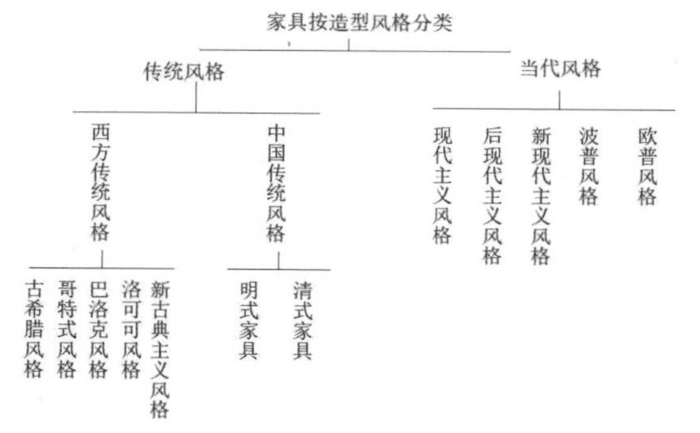

图3-2 家具风格分类

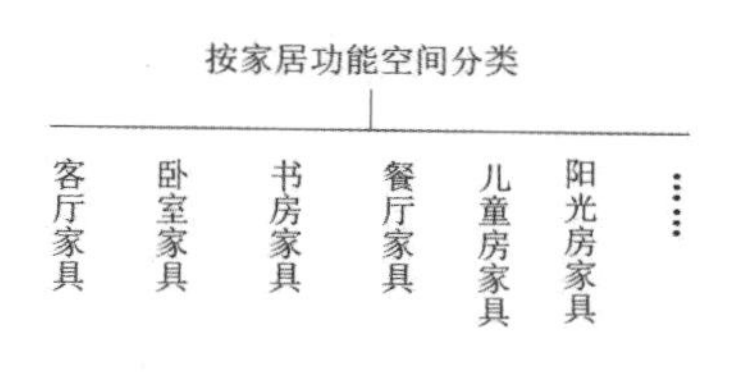

图3-4 家居空间分类

1. 坐具类

坐具是家具发展过程最基本的家具，它能够使人处于短暂的休息状态，是人们日常生活中重要的产品。根据使用场所和功能需求的不同，坐具的尺寸、材质与造型也会有所不同。现代家居生活中，可以将坐具分为凳子、椅子和沙发。

（1）凳子

家居空间中没有靠背的家具的统称。体积小、搬运灵活、造型丰富，可以为使用者提供休息，也可以丰富家居空间的造型，特别是不同风格的凳类在造型上也有所不同，也能对家居空间起到装饰作用，如图3-5所示。

（2）椅子

具有靠背的一类高型坐具的统称。在家居空间中，椅子的用途较为广泛，虽体积较大，灵活性不如凳类，但是在使用的舒适性和装饰性上更胜一筹，如图3-6所示。

（3）沙发

一种装有软垫的多人座位椅子。沙发以多人位为主出现于家居空间中，并由弹性材料作为填充物，保证座面、靠背和扶手的舒适性。沙发的弹性材料，由弹簧、厚泡沫塑料、海绵等进行填充，是软体家具重要的组成部分。在功能上，沙发能够满足人们舒适的坐感，提供坐、半卧、躺卧等不同使用状态。随着现代生活方式的不断转变，沙发的功能更加多样性，如按摩、自动调整等，如图3-7所示。

作为客厅家具的重点，在选择沙发的过程中，除参考沙发的造型、材料和色彩外，还需要根据客厅空间的基本尺寸选择沙发的数量和种类，具体尺寸如表3-1所示。沙发位数的选择也要结合家居空间为宜，如果客厅空间过大也不适合只选择双人位。古典风格的家具在造型上都会比较大气，沙发的体量感会更大，适合客厅空间较大的户型。

2. 卧具类

卧具类能够给人提供睡眠、休息，多以床、榻、榻榻米等家具为主。卧具出现在卧室空间内，以床为主，再根据空间的大小装饰榻类、单人沙发和座椅等家具。卧具的造型丰富，种类繁多，不同风格的卧具具有不同的特征，适合的空间和功能也会有所不同。

床是人们日常生活中接触时间最长的家具，如图3-8所示。

图 3-5 凳类产品

图 3-6 椅类产品

图 3-7 沙发

图 3-8 床

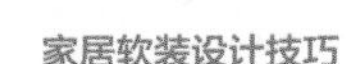

床品的具体尺寸及使用的家居空间如表3-1所示。在进行欧洲古典风格和传统美式风格卧室空间设计时，可以参考欧美的床品尺寸，标准如表3-2国外床垫尺寸所示。

表 3-1 国内市场常见床的尺寸

床	尺寸		用途
	宽度 /mm	长度 /mm	
单人床	900 1050 1200	1800 1860 2000 2100	单人床在宽度上小于双人床，主要适用于内饰空间，如次卧、儿童房、卧室、保姆房等
双人床	1350 1500 1800	1800 1860 2000 2100	双人床宽度较大，适用于户型较大的主卧、次卧、客卧等
圆床	1860，2125，2424（常用直径）		多以主卧空间为主，以空间主题为主进行设计

表 3-2 国外床垫尺寸

类别名称	长 × 宽 /mm
标准单人床	1904×990
加长标准单人床	2031×990
标准双人床	1905×1372
加长标准双人床	2031×1372
皇后床（两床并排）	2031×1524
皇帝床	2031×1930
续表皇帝床（两个加长的标准单人床垫并排）	2031×1930（2031×965）
加州皇帝床	2133×1828

注：一般情况，床架的厚度为200mm，床垫的厚度为250~300mm

榻是指狭长而且较矮的床形坐具，在家居空间内可以提供短暂的睡眠之用，可坐可躺。榻在软装设计中多为辅助装饰，不做主体家具，如沙发或床的搭配，但在中式茶室等休闲空间的设计中可以将榻作为主体家具进行装饰，如图3-9所示。

榻榻米即采用叠敷布置空间的一种床榻的形式。传统日式家居空间中采用的榻榻米“席地而坐”，榻榻米兼有沙发、床、地毯等坐具功能，但是这种形式不能很好地适应现代“垂足而坐”的生活。榻榻米多作为卧具的形式出现在书房、阳光房、儿童房、茶室等空间，除了具备躺卧的功能外，也具有储物、桌台的功能，是小面积家居空间中可以选择的多功能卧具，如图3-10所示。

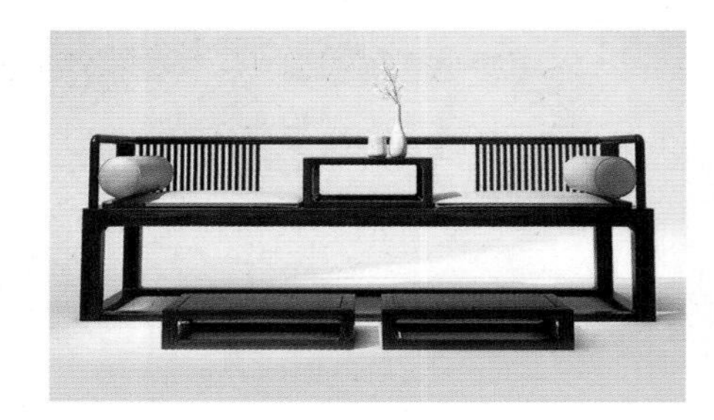
图 3-9 榻

图3-10 榻榻米

图3-11 桌

3. 支承类

支承类家具，即在家居空间起到支撑作用的家具，是影响使用者工作方式、学习方式和生活方式的家具。主要用于摆放物品、学习、工作等，除此次外也具有收纳、收藏和展示功能。根据造型形式可以分为桌、台、几、案四大类，它们承担了不同的使用功能。

桌，顶部为光滑的平面，下由支柱、腿或者其他支撑物构成，如图3-11所示。根据桌面造型形态，可以分为圆桌、方桌、长桌等，不同的家居空间选择不同材质和形体的桌。

根据功能可以分为餐桌、办公桌、学习桌、休闲桌等。餐桌基本尺寸如表3-3所示。

表3-3 餐桌基本尺寸

<table>
<tr><th rowspan="2">餐桌类型</th><th colspan="4">长度 × 宽度 /mm</th><th rowspan="2">高度 /mm</th></tr>
<tr><th>二人位</th><th>四人位</th><th>六人位</th><th>八人位</th></tr>
<tr><td>方桌</td><td>700×850</td><td>760×760
1070×760</td><td>1200×800
1400×800
1500×900</td><td>2250×850
2000×1200</td><td rowspan="4">700
710
750</td></tr>
<tr><td rowspan="3">圆桌</td><td colspan="4">直径</td></tr>
<tr><td>二人位</td><td>四人位</td><td>六人位</td><td>八人位</td></tr>
<tr><td>500</td><td>800 ~ 900</td><td>1100 ~ 1250</td><td>1300</td></tr>
</table>

台，即在家居空间中供学习、写字、用餐等家具。台类家具与桌类的差别在于通常台类在造型上更加厚重，不易搬动，类似建筑结构中的“台”的形式，台面下方通常设有储物空间，如吧台、写字台、工作台、梳妆台等。选择台类家具时要考虑空间尺寸和功能需求，并且选择造型风格相搭配的椅子，如图3-12所示。

几，指低矮的案几类家具，或者是光滑平面、由腿或其他支撑物固定起来的小桌子。现代家居生活中以茶几、边几和小几为主，如客厅沙发前面的茶几、休闲椅旁边的小几，如图3-13所示。

案，在传统中式家居空间中指具有长方形的面并且腿部直接立在案面的一类家具，即长方形的大桌。在中式家居空间中，根据使用功能案可分为画案、书案、食案等。

图 3-12 茶台

图 3-13 茶几

4. 收纳类

收纳类家具，是在家居空间中用于储物、收纳的家具。将衣物、生活用品至于内部，能够存放物品，又能保证家居空间的干净和整洁，也具有装饰性。在现代家居空间中，可以将收纳类的家具分为柜、橱、箱等。根据家居空间选择产品，如衣柜、橱柜、斗柜、餐边柜、电视柜等，如图3-14至图3-16所示。

5. 装饰类

装饰类家具是指在家居空间中不以功能为主，主要起到装饰作用的家具。常见的如屏风、多宝阁、博古架等，家具本身即是装饰产品，如图3-17至图3-21所示。

6. 杂件类

杂件类是指在家居空间难以从功能进行归类的家具。这类家具种类较多，形式各异，就将其归为杂件类。杂件类家具具有一定的使用功能同时又具有装饰功能，如衣架、花架、书架、置物架、穿衣镜等。在家居软装设计中，主要以辅助装饰为主，在材质上也以木质、金属材料为主要用材，如图3-22和图3-23所示。

二、家具材料

按照主要用材分类，可以分为木质、金属、玻璃、塑料等，不同材料的家具在使用和保养上也不同。

1. 木质材料

以木质材料为主，部件中装饰件、配件可以采用其他材料进行装饰。其中木质材料包括木材、人造板、竹材、藤材等，木材和人造板为主要的家具用材，竹、藤、草等材料可以通过编织工艺实现。这些材料具有不同的材质特征，在进行家居设计的过程，选择木质材料的家具会让家居空间更具有温度，也更温馨。

图 3-14 边柜

图 3-15 衣柜

图 3-16 八斗柜

（1）实木

实木家具以木材为主要用材。木材具有天然的独特纹理和良好的视觉效果，也不会像金属和石材过于冰冷。木材具有吸音性和吸湿性，具有许多材料无法超越的性能。木材是家具设计与制造的首选用材，在家居设计中有重要作用，实木家具如图3-24所示。

图 3-17 围屏

图 3-18 座屏

图 3-19 现代风格围屏

图 3-20 多功能围屏

图 3-21 现代风格多宝阁

图 3-22 镜子架

图 3-23 衣架

图 3-24 实木家具

目前市面上，制作家具的主要用材可以参考表3-4。

表3-4 木材基本种类

分类	种类	优点	用途	材质
高档	柚木	以油性为特点，防蛀，耐水性好	全实木少，多作为框架和贴面材料	
高档	黑胡桃木	加工性好，打磨有光泽感，颜色显得沉稳，微带紫色、褐色	家具材料、地板材料、装饰实木皮	
高档	樱桃木	柔和的木纹和深色颇受欢迎；日晒后变成茶褐色	装修材料，高档橱柜、衣柜面板	
中高档	白橡木	木纹鲜明，质感良好，可与金属、玻璃等和谐结合	能凸显其时尚前卫的感觉	
中高档	红橡木	红橡木质地坚硬，加工性能很好，可以做复杂造型和雕花	家具上用红橡木较多	
中高档	白蜡木	硬度高、密度大，不易变形，色浅，木纹通直，肌理较为粗糙，木质重硬	美式高档家具主要用材	
中档	楸木	密度适中，耐磨、不易开裂；纹理显得清晰，匀称	多制作田园风格家具	
中档	榆木	质地坚韧，有弹性，经久耐用；木纹粗犷、清晰	中式家具，家具结构用材	
中档	枫木	细密的肌理与装饰性的纹理，光滑的表面和光泽感	装饰板和饰面材料	
中档	水曲柳	木质重硬，浅棕色至米色；通直，根部周围有缩纹和圈纹	家具、楼梯踏板、扶手、门框等室内木工材料	
普通	橡胶木	韧性好，不易开裂；防腐、防蛀性差，易变色	现代家具用材	
普通	松木	色泽天然，木纹通直，芯材浅黄褐色，节疤凸显	结构材料、地板材料，儿童家具	
普通	杉木	纹理清晰细腻，温暖自然色调，具有香味	结构材料、地板材料，儿童家具	

此外，在制作传统风格或者古典风格家具的过程中会采用除上述木材外的红木，如图3-25所示。根据国家标准，“红木”的范围确定为5属8类，29个主要品种。5属是以树木学的属来命名的，即紫檀属、黄檀属、柿属、崖豆属及铁刀木属。

（2）木质人造板

人造板，是利用木材在加工过程中产生的边角废料，添加胶黏剂制作成的板材。能够保留原有木材的一些特性，同时在稳定性、耐候性等方面又能优于实木，如图3-26所示为人造板电视柜。

家具中常用的人造板材有刨花板、中密度板、胶合板以及防火板等。因为它们有各自不同的特点，被应用于不同的家具制造领域。人造板材家具特征见表3-5。

图 3-25 红木家具

表 3-5 人造板材家具特征

种类	优势	用途	材质	表面装饰
刨花板	以木屑经一定温度与胶料热压而成。木屑中分木皮木屑、甘蔗渣、木材刨花等主料构成	家具制造和建筑工业		薄木（俗称贴木皮）、木纹纸（俗称贴纸）、PVC 胶板、三聚氰胺浸渍纸等
纤维板	木材经过纤维分离后热压复合而成，它按密度分为高密度、中密度	常作为基材、定制家具、高密度板、强化地板		
细木工板	由芯板拼接而成，两个外表面为胶板贴合	高档柜类产品		
胶合板	由杂木皮和胶水通过加热层压而成	隔墙、顶棚、墙裙、门面		

（3）竹

竹家具在南方应用较为广泛，生长快速，材质硬度高，韧性强。在绿色环保家居理念逐渐推进的现在，竹材逐渐显示出低碳、环保的绿色优势。竹材可以制作家具，如图3-27所示。竹材也可以制作家居产品，如制作竹凉席等。

图 3-26 人造板电视柜

图 3-27 竹材躺椅

（4）藤材

藤家具采用竹藤、棕榈藤等材料编制而成，具有透气、轻巧的特点。藤制家具在材料的质感上不同于木材和竹材，编制质感肌理效果明显，材质透气性、柔韧度比前两种材质更好。藤家具要能根据选用的基本材料和编制质感进行选择，使藤材家具与整体家居空间配合一致。藤材的结构特征如表3-6所示。

表 3-6 藤材家具结构特征

家具结构	作用	材料选择	家具展示
支架材	为家具提供支撑，让家具更加牢固	也可用钢管、藤条、柳条、塑料等制作支架	
编织材	承担家具的面材，编织后使家具满足使用需求	藤可加工成藤条、藤芯和藤皮等，用于编织的部分是藤皮。常见的藤有广藤、土藤和野生藤等	

2. 金属

金属家具，通常采用管材、板材等作为主架构，木材、玻璃、石材等作为面部材料，也可以是完全由金属材料制作的铁艺家具。如图3-28所示，即家具的金属框架与大理石表面结合，色彩、材质虽不张扬，但能塑造空间奢华之感。

图 3-28 金属与大理石茶几

金属家具主要有铁、铜、不锈钢等，家具表面漆饰、镀镍铬、钛等。漆饰的金属家具表面色彩丰富，以艳丽色为主，镀合金家具表面具有金属光泽，能够突出室内空间的高级感。如图3-29所示，造型以连续的半圆形构成，是木质材料很难呈现的效果。

图 3-29 金属座椅

3. 塑料

塑料家具即以塑料作为家具主要用材的一类家具。不同于其他材料，塑料因为其质轻、色艳、形奇，应用塑料制造家具使其成为家居空间中极具特色的陈设。在家居空间中，使用塑料家具，能够使空间中多一抹亮色，如在儿童家具中可以选择颜色亮丽的塑料家具，如图3-30所示。不同材质质感让空间表现效果更加丰富，如图3-31所示为树脂与木材结合。

图 3-30 塑料家具

图 3-31 树脂与木材结合家具

图 3-32 软体家具

4. 玻璃

在家具材料的选择上，承担家具支撑功能的材料多以木材、金属为主，而面材为表现空间的晶莹剔透之感，则可以选择玻璃。玻璃具有平滑、光洁、透明的独特材质美感，在与其他材质进行搭配的过程中，能够起到面材的作用。在现代家具设计中，可以将玻璃与木材、不锈钢等材质结合，制造桌、几、屏风以及柜类的门板、隔断、隔板等，同时玻璃也是重要的家居用材，作为门、窗、隔断等重要材料。

5. 软体材料

软体家具主要指的是以海绵、织物等作为弹性材料进行填充的家具，在家居空间中具有舒适坐感和使用功能的家具，如图3-32所示。从使用功能上看，软体家具主要分为沙发和床两大类。而从材料上，软体家具的材料可以分为框架材料、覆面材料和填充材料。不同材料的软体家具在使用的舒适感上也会有所不同。

三、家居空间中家具的选择

1. 家具配置原则

（1）家具功能配备齐全

在软装设计进行产品空间配置的过程中，要能够使家居空间功能最大化，在进行平面规划的过程中，基本能够将空间合理化规划，在产品索引的过程中要确保家具的基本尺寸能够满足家居空间使用，并且没有过多的空间浪费，使规划的空间能够满足使用的要求。

（2）家具产品相互协调

在选择家具时，要能够使家具与家具之间、家具与家居空间相互协调。可以是家具整体风格一致，以达到视觉协调的效果；也可以是单体家具风格、色彩和材质彰显个性，如图3-33所示，家具以现代风格为主，茶几选择田园式风格。

（3）计划配置其他产品

家具是重要的产品，但并不是全部，家具选择的过程中，还需要考虑其他软装产品的选择和搭配。一方面要留有其他软装产品的位置，另一方面也要结合风格、色彩，方便软装产品的选择。例如，在客厅家具选择沙发、茶几、电视柜外，沙发两侧还可以规划边柜或小几，摆放灯具、花艺等其他软装产品，以装饰室内空间。

2. 家具产品选择方法

（1）确定家居空间的特征

家具应在硬装的基础上进行选择，要明确各个空间的使用功能，了解空间内的界面特征，明确空间的大小，天棚、墙面、地面的色彩和材质特征，电源位置、立柱等硬装特征，再结合整体家居风格的特征，方便下一步家具的选择。

图 3-33 家居空间风格和谐

（2）明确空间使用功能

明确使用者在家居空间中的活动内容，根据使用功能选择家具，根据空间风格特征和使用者的喜好选择家具产品的组合，使家居空间能够被合理利用，又可以反映出个性化的空间功能需求。例如，在家居选择的过程中，如表3-7所示，以现代风格为主对家具进行选择。

表 3-7 家具选用

家居空间	功能	家具	材料	风格特征
玄关	换鞋、收纳	玄关柜、小凳等	实木、软包	现代简洁为主
客厅	会客、休闲、看电视	沙发、茶几、电视柜、鼓墩、边柜等	实木、软包、石材	整体现代风格 鼓墩为中式风格
卧室	休息、看书、睡眠	床、床头柜、电视柜、衣柜、美人榻	实木、软包	整体现代风格 美人榻欧式
书房	工作、学习、看书	书桌、椅子、书架	实木、金属	整体现代风格 金属质感书架

（3）利用家具组织空间

让家具、灯具、花艺等软装产品相互协调。而最先确定的就应该是家具，在一些家居空间中涉及定制的家具，利用家具定制的制作周期，进行其他产品的确认。在家居产品索引配置的设计过程中主要需要确定好家具的基本位置，家具产品的风格、造型、材质和色彩，即能够协调整个家具空间的同时，便于后续协调软装产品，配置合适的软装产品，便于空间氛围的营造。例如在客厅空间中，营造不同氛围，可以结合家具构建氛围空间，如表3-8所示。

表 3-8 家居风格与家具配置

氛围营造	产品选择	产品风格	家具配置
文雅、稳重	三人位主沙发、现代圈椅、茶几、电视柜	中式客厅 石材面沙发	对称式布局 三人位沙发、茶几、电视柜做中线
高级、优雅	L形沙发、单人座椅、茶几、入墙式电视柜	现代简约风格、灰色系布艺沙发、金属石材茶几	非对称式布置 结合空间特征摆放
古典、奢华	三人位沙发、贵妃榻、茶几、电视柜、沙发边柜	欧式古典风格、家具木质雕花描金装饰	对称式布局

任务实施

布置学习任务

本次任务主要针对家居空间概念方案，结合业主的生活方式、风格和色彩定位及家居空间的平面规划，进行家具布置，并制定家具产品介绍方案。

1. 家具产品选择

根据家居空间概念方案，从业主概念定位方案出发，综合业主的生活方式、风格和色彩定位及家居空间的平面规划等环节，进行平面草图的初步布局，选定家具的种类；结合家居空间风格、色彩元素进行归纳分析，从材料、造型特点、尺寸和数量、品牌进行配饰家具初选，制定配饰方案列表。

要点：首次测量的准确性对初步构思起着关键作用，便于后续进入家居空间二次测量。

2. 家具产品方案

制作家居配饰初步方案，并制定产品介绍方案，如表3-9所示。

表 3-9 家居配饰方案

家居空间	产品	数量	品牌	主要材质	价格	图片	备注
玄关	玄关柜	……	……	……	……	……	……
	脚凳	……	……	……	……	……	……
卧室	……	……	……	……	……	……	……

总结评价

结合家具选用原则，从造型风格、材料特性、数量和尺寸等方面对制定的家居软装家具方案进行评价。

思考与练习

1. 家具的分类方式有哪些？具体类别有哪些内容？
2. 同一家具选用不同材质进行设计具有哪些特征？
3. 列举出主流家具风格的造型、材料特征和装饰特性。

巩固与拓展

1. 如何在家居空间选择家具产品？对于家居空间与商业空间的家具选择有哪些不同之处？
2. 国内外家具产品品牌调查。

任务二　家居软装产品配置——灯饰

任务目标

通过本任务的学习，了解家居空间中主要灯饰的分类方式，灯饰主要材料的特性，以及在不同家居空间中灯具的选用。在家居软装设计过程中，能够结合空间的大小和风格特性，选择灯具产品的材料、种类、造型等，能够运用所学的知识进行家居空间家具产品搭配设计，对软装灯具搭配方案进行评价。

任务描述

通过学习本任务的知识储备部分内容，完成学习性工作任务——软装产品灯具的方案制作并进行方案介绍。要求在家居软装概念方案的基础上，选择灯饰产品，从灯饰的种类、造型特征和材料特性、使用功能等方面，对家居软装灯饰方案进行介绍。

知识储备

一、灯饰概述

灯饰通过灯具和灯具的光环境起到装饰家居空间的效果。灯饰既包括带有装饰性的灯具本身，也包括了固定灯具的部位和由灯具的光源分布的效果。在家居空间中，灯饰是除去自然光源后家居空间内采光的重要陈设，同时灯具造型精美、多样，可以选择不同种类的灯具装饰不同风格和功能的室内空间。

灯饰提供室内照明，室内空间照明光源主要来自于自然采光和灯具照明，自然采光不能保证室内夜晚的照明，此时灯具就是家居光源的主要来源。强调室内的重点，加强墙壁的装饰感知度，可以在酒柜、展示柜安装灯具，强调陈设物；表现家居风格，中式风格的灯具内敛、文雅，而欧式风格的灯具多以玻璃、金属等透明材质做装饰，晶莹剔透、体现华美高贵。善于运用灯具也可以使家居风格更好地体现出来；烘托空间氛围，灯光的色彩和效果也会影响室内空间，能够渲染出不同氛围的空间环境。

二、灯饰的种类

1. 按风格进行分类

（1）中式风格灯具

中式风格的灯具，借鉴中国传统建筑、园林等装饰元素进行造型设计，材料选择较为传统的实木质感，采用实木或金属材料制作框架为主，灯罩材质会选择玻璃、布艺、羊皮、塑料等。根据造型特点可以分为传统中式风格的灯具和现代中式灯具。

传统中式灯具尊重传统灯具的造型、结构和材质，具有古朴、雅致的趣味，如图3-34所示。这类灯具基本保留了中国传统灯具的造型特点，以字画、山水、雕刻、流苏等中式传统的装饰元素进行设计，讲究传统，保留传统中式装饰中对祝福、喜悦等美好的向往。同时，在造型上具有层次性，灯具的立面上也能够

图 3-34 传统造型中式灯具

图 3-35 现代中式灯具

讲究装饰，整体感强烈。在设计应用上，传统中式灯具适合传统、古朴、典雅氛围的家居空间，一般用于公共空间中，如餐厅、客厅等，起到很好的装饰作用。

现代中式灯具，将中式建筑、家具和装饰元素进行演化，保留中国传统文化的韵味，简化灯具的造型、结构和材质，并运用金属、玻璃、仿羊皮等现代装饰材料进行装饰，能够很好地融入现代生活的同时，灯具更加装饰内涵。在装饰空间的运用上选择也更为广泛。如图3-35所示，图中展示为现代中式风格灯具，由中式元素转化而成。

（2）欧式风格灯具

欧式风格的灯具是现代家居生活中奢华典雅的代名词，来源于欧洲古典宫廷式的灯具。欧洲古典风格装饰华丽、色彩浓烈、造型精美，置于古典风格空间的灯具同样具有历史沉淀的痕迹，在家居空间中使用能够体现出主人奢华的生活品质。在造型上，欧式风格的灯具可以分为烛台灯、玻璃焊锡灯、水晶灯和云石灯。

烛台灯采用欧式蜡烛台为基础设计，造型古朴典雅，是欧式古典风格家居中典型的灯具。以黄铜和树脂为主材，灯具的曲线形体构成装饰性纹样。烛台形式丰富多样，尽显富丽之感。有台灯、吊灯、壁灯等形式，如图3-36和图3-37所示。

玻璃焊锡灯，又称全铜玻璃焊锡灯，通过将黄铜与艺术玻璃焊锡而成的装饰灯具。造型丰富，玻璃与黄铜结合在一起灯具的整体感较好，如图3-38和图3-39所示。

玻璃焊锡灯根据玻璃材质和玻璃处理工艺的不同有不同的种类，不同的玻璃具有的特征和质感使焊锡灯的造型更加丰富，玻璃本身即可装饰灯具。

水晶灯，最早出现在文艺复兴时期，以水晶和金属灯架搭配，盛行于欧洲十七世纪中叶的“洛可可”时期，欧洲人对于华丽璀璨的水晶灯极为推崇。欧式水晶的造型华贵，多以水晶吊坠置于灯下，灯具的长度比一般的吊灯要大，选择水晶吊灯时，室内空间高度要足够，防止水晶吊坠触到人的头部。如图3-40和图3-41所示为欧式水晶灯。

云石灯，即采用云石作为灯具的主要材质制作灯罩的灯饰。不同于水晶的华贵，云石灯造型大方典雅、简洁古朴，由材料本身体现出灯饰的高贵质感。灯罩材质多选用云石，厚度在9mm左右，质地透明、均匀分布，质软，适合雕刻，多以手工制作为主，因此价格昂贵。云石灯光晕以暖色光为主，能够烘托家居空间温暖、温馨的氛围，如图3-42和图3-43所示。

图 3-36 烛台吊灯（1）

图 3-37 烛台吊灯（2）

图 3-38 玻璃焊锡吸顶灯

图 3-39 玻璃焊锡吊灯

图 3-40 水晶吊灯

图 3-41 水晶壁灯

图 3-42 云石吊灯

图 3-43 云石壁灯

（3）美式风格灯具

美式风格灯具由美国生活方式影响逐渐发展起来。美国是一个殖民地国家，美式的家居风格受欧洲殖民地文化影响，又结合本土特色逐渐发展起来。美式风格灯具受欧洲古典文化的影响，奢华和贵气，但又有美洲大陆的自由与不羁，逐渐发展成独特的美式风格。

美式风格灯具在材质上也以铁艺、铜、树脂为主要材料，贝壳、玻璃、水晶、陶瓷、亚麻布艺等成为主要的装饰材料，如图3-44和图3-45所示为美式台灯和美式布艺灯罩落地灯。

图 3-44 美式台灯

图 3-45 美式落地灯

（4）现代风格灯具

现代风格灯具与现代家居风格相一致，灯具造型简洁多变，色彩、材质种类繁多，能够利用现代科技的材料进行设计与应用。现代风格灯具能够吸收古典灯具的特质，又能积极探索未来感的灯具形式，在装饰效果上不同于传统风格的拘谨，更具有自由、时尚的特征，也能满足现代人对于个性化设计的需求，如图3-46和图3-47所示。

在材质上，现代风格灯具不受铁艺和铜、树脂的限制，水晶、玻璃、木材、塑料、不锈钢、石材、布艺等材质都可以应用在灯具上，给灯具带来不同的质感，使家居空间更能展示材质的层次感。提供照明的灯，由白炽灯逐渐发展，品类丰富，如LED灯高效节能、亮度可调节、寿命长等优势，成为现代灯具设计的主流，也为其他材料与灯具的结合成为可能，如图3-48和图3-49所示。

图 3-46 现代风格球灯

（5）地中海风格灯

地中海式风格灯具将地中海独特的自然环境融入家居空间中来，在造型上以欧式传统风格为基础，以金属、铁艺等材质作为主要材料，结合地中海独特的地域特色，灯具色彩以蓝色与白色、陶土红色与白色、淡紫色与白色等经典的地中海配色为主，将玻璃、陶片、碎花布艺等作为

图 3-47 现代风格罩灯

图 3-48 风扇灯

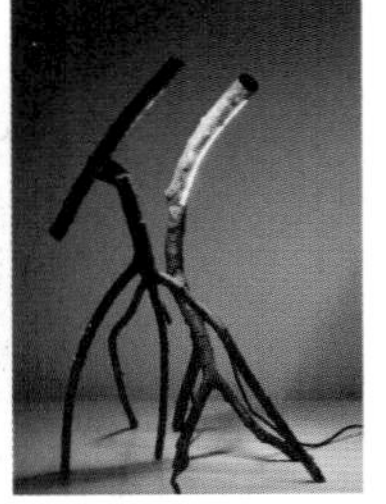
图 3-49 树枝灯

图 3-50 地中海风格台灯

图 3-51 地中海风格吊灯

灯饰装饰材料对灯具进行装饰，如图3-50和图3-51所示。

选择地中海式风格灯具时要保证灯具能够融入家居空间中，灯具的色彩、材质和造型特征能够和家居空间的色彩、材质相融合。例如家居墙面装饰以大马士革花纹壁纸做装饰，就不宜选择碎花灯罩装饰，避免空间过于繁复。

2. 按使用功能进行分类

（1）吸顶灯

吸顶灯是安装在房间内部的较为常见的灯具，吸顶灯上部较平，直接紧紧安装在屋顶，如同吸附在屋顶上，因此被称为吸顶灯。如图3-52所示为半球形灯罩吸顶灯，不受空间限制，对于一些高度有限的空间，吸顶灯的优势明显高于吊灯。

吸顶灯可以应用于客厅、卧室、儿童房、卫生间等处照明。因为造型较为简单，常见于中式风格、地中海风格、欧式风格等室内空间，如图3-53所示为地中海风格吸顶灯。吸顶灯造型丰富，也可以做水晶吸顶灯，如图3-54所示。

（2）吊灯

吊灯是安装在室内天花板上用于装饰的照明灯，与吸顶灯直接吸附在棚顶不同，吊灯的灯座安装在棚顶，有吊线、吊杆将灯头垂吊下来。吊灯的光源种类丰富，有直接照射、间接照射等多种形式，选择的形式与空间内的亮度和空间的大小相关。例如，餐厅空间要营造集中的照射效果，适合长的吊线和聚拢型灯罩，如图3-55所示。而在客厅空间中要营造分散、均匀的光源，则可以选择短吊线和无遮挡灯罩的吊灯，如焊锡灯或者云石灯，如图3-56所示。奢华的欧式家居空间则可选用水晶吊灯，如图3-57所示。

（3）筒灯

在家居空间中用吸顶灯和吊灯作为家

图 3-52 半球形吸顶灯

图 3-53 地中海吸顶灯

图 3-54 水晶吸顶灯

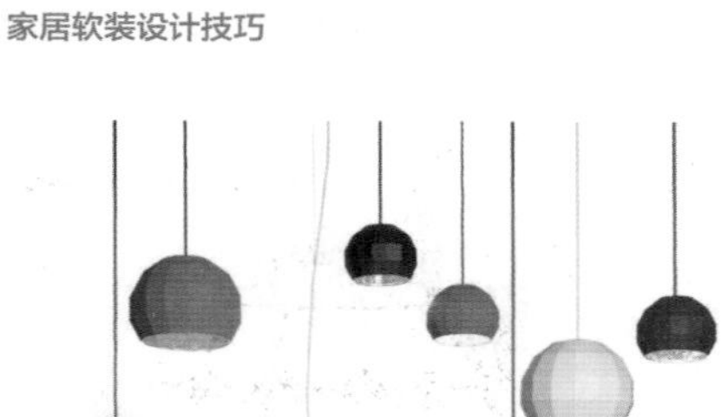

图 3-55 成组吊灯

图 3-56 云石吊灯

图 3-57 欧式水晶灯

居空间的主光源，还会采用筒灯作为辅助光源或全部的照明光源进行设计，如图3-58所示。筒灯在家居空间中可以作为主体照明使用，即家居空间中不采用大型灯具照明，如吸顶灯或者吊灯，而是均匀分布筒灯，多采用内嵌入顶棚的形式，如图3-59所示。

图 3-58 筒灯

图 3-59 筒灯照明

（4）射灯

射灯，可以调节方向并将光聚到一个小范围区域内的灯具，起到强调重点的作用。射灯类似于筒灯，在空间中起到辅助光源、增加空间亮度或强调空间重点的作用。区别在于射灯突出界面，由灯座和灯筒构成。光源方向上，筒灯的光源为向下光源，而射灯的光源可以根据需求进行方向调节，如图3-60和图3-61所示。

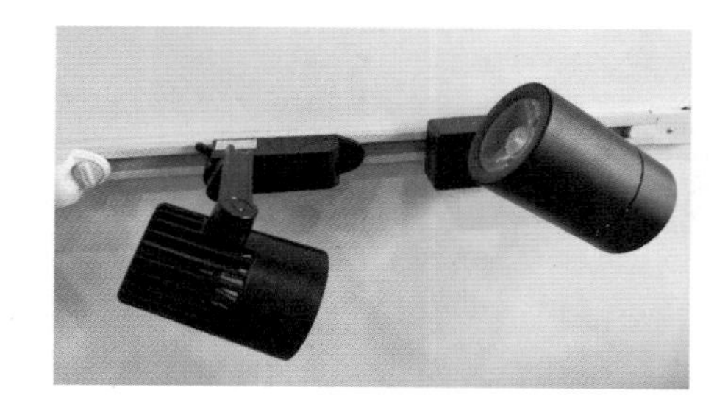

图 3-60 射灯

（5）壁灯

壁灯即墙壁灯，安装在墙壁上的辅助照明灯具，主要用于渲染空间氛围、阅读、重点强调等。壁灯的材质和风格多样，在光源的方向选择上也多于其他灯具，可以结合家居空间需要进行选择。在家居空间中，壁灯可以用于客厅、卧室、卫生间，应用于走廊、玄关、床头、镜前、楼梯等。壁灯在安装过程中避免过低，防止影响日常生活所用。壁灯安装高度应略超过视平线，通常在1.8m高左右，照明度不宜过大，防止炫目。

（6）台灯

台灯，即可以放在家具平面台架上的有座灯饰，多带灯罩。在功能上，台灯可以用于阅读、学习采光和装饰。台灯的光源主要集中在小块区域，能够提供局部照明，渲染空间环境。台灯的材质丰富，从灯座材质上看，可以有玻璃、铝材、陶制、不锈钢、铁艺、铜制等，灯罩的材质有云石、玻璃、布艺、金属等。在造型上，可选带灯罩台灯和烛台灯。

图 3-61 射灯照明效果

（7）灯带

可以采用灯带进行装饰，如图3-62所示。灯带通常将LED灯进行特殊的加工，将灯焊接在铜线或者带状柔性线路板上面，通电后产生一条光带，通常灯带光源作为辅助光源和渲染光源，而作为直接照明时通常是在柜内照明等使用。灯带可以应用在顶棚、墙面、家具柜内部等一些特殊空间，也可以应用在地面，还可以营造现代家居空间。如图3-63所示，灯带作为卧室照明工具。

图 3-62 灯带

（8）落地灯

落地灯即置于地面上的一类灯具。落地灯用作局部照明，可以应用在客厅、卧室以及休闲空间中。从照明方式来看，可分为上照式落地灯和直照式落地灯。上照式落地灯的光线照在天花板上再漫射下来，均匀散布在室内，这种“间接”照明方式光线较为柔和，对人眼刺激小，会让人有放松愉悦的效果，如图3-64所示。直照式落地灯，类似台灯的造型，光线效果向下，较为集中。关掉主光源后可以作为小区域的主体光源，也可以作为阅读时的照明光源，如图3-65所示。

三、灯饰搭配设计原则

1. 符合家居空间总体风格

灯具在家居空间中起到重要的照明作用，也是家居空间中重要的装饰品，要能够使灯具和整体风格相一致，而不是使灯具孤立出来，要能够在装饰元素、材质和造型风格上和家居空间协调，营造完整和谐的家居氛围，利用光源点、线、面的特征营造家居空间的氛围效果。例如，在古典的欧式家居空间中，客厅空间的高度较高，这时候在选择灯具上宜水晶吊灯、烛台吊灯等，这类在竖向空间有长度并且造型精美的灯具，能够起到与家居风格空间协调的作用。若采用矩形或圆形等吸顶灯，则会使家居空间在高度上空间过于空旷。反之，在极简风格的家居空间中也不适合选择造型复杂的灯具，以免破坏家居空间的简约性。

2. 满足空间功能需求

（1）灯具照明类型

家居空间中灯具主要供照明和装饰使用。照明的功能主要分为整体照明、局部照明、重点照明和渲染照明。

整体照明运用顶棚固定的灯具进行整个家居空间的照明，也称为基础照明，即在家居空间中提供均匀照度的照明形式。这种照明形式要确保家居空间在水平面和工作面上照度均匀一致，光

图 3-63 灯带照明效果

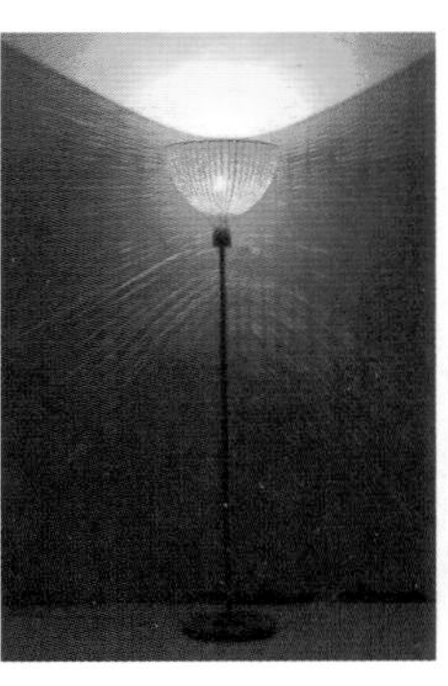

图 3-64 上照式落地灯

图 3-65 直照式落地灯

线充足，无炫目光，家居空间内光线充足，光线舒适。

局部照明，又称重点照明或工作照明。与整体照明不同，局部照明是提高局部空间的照度，为家居空间内的工作面等提供集中的光源，并且不造成大空间的光干扰。通常采用局部照明的部位如卧室空间的床头两侧、沙发壁灯以及梳妆台、卫浴的妆前镜等。做重点照明的过程中要避免亮度强烈的对比。

重点照明，即将重点软装产品进行光源的突出，通常这类产品为照片、绘画、雕塑、瓷器、艺术品等具有强烈装饰作用的装饰品，采用重点照明后，可以在家居空间使这些产品更加具有装饰感和立体感。重点照明如图3-66所示。

渲染照明，主要起到气氛渲染和装饰照明的作用。通过光源颜色、造型、光源面积等来营造家居空间的装饰效果，通过渲染光源的使用可以增加家居空间的色彩感和层次感，结合家居空间风格设计出光源效果，在家居空间中起到“锦上添花”的作用。渲染照明如图3-67所示。

（2）灯具布局方式

结合家居空间照明的需要，在家居空间中常采用的照明方式有主灯模式、无主灯模式和射灯加灯带照明三种形式，根据家居空间大小和装饰风格定。

主灯模式，灯具采用吸顶灯或吊灯与射灯、壁灯结合，采光顶灯作为主光源均匀地铺满家居空间，再利用壁灯在床头、沙发两侧做局部照明，射灯对挂画、雕塑品等艺术产品进行重点照明。这种照明方式操作简单，光环境渲染得当，不容易出错，但是应避免无灯罩的裸露光源的使用。

无主灯模式，即在家居空间中，无主体灯具的基础照明，这种模式通常将筒灯和射灯相结合代替主灯，采用顶棚均匀分布筒灯，使筒灯的光源能够散漫、均匀照亮地面，通过墙地面二次反射铺亮家居空间。在无主灯模式照明的过程中，要注意筒灯和射灯的位置，要确保灯具不能够炫目，如图3-68所示。

射灯加灯带/射灯的照明方式，在家居空间中用射灯与射灯结合形式，或者射灯与灯带结合，这种照明方式可以避免无主灯模式的眩光，空间照明采用间接照明的方式，但是设计难度较大，专业要求高，容易出现光斑，以及高墙面过暗的效果。在一些高品质的家居空间会采用这种照明方式，能够做到见光不见灯的高级效果。

3. 适应空间形态尺寸

在家居空间中注意灯具的尺寸，对于光照的强度的要求，可以参照《GB 50034—2013 建筑照明设计标准》，确保灯具在照度上能够满足家居空间照明所需。在空间尺寸上，可以参考以下尺寸进行灯具设计。

筒灯作为照明方式的无主灯模式，要保证筒灯间的距离在30～40cm，距离墙面的脚线要超过20cm，如图3-69所示。客厅中，壁灯在安置的过程要确保距地面超过150cm，落地灯高于125cm，如图3-70所示。厨房空间的灯具高度在182cm以上，以免在操作过程中出现灯具碰头等，距离操作台的高度通常在70～87cm，如图3-71所

图 3-66 重点照明

图 3-67 渲染照明

图 3-68 无主灯照明模式

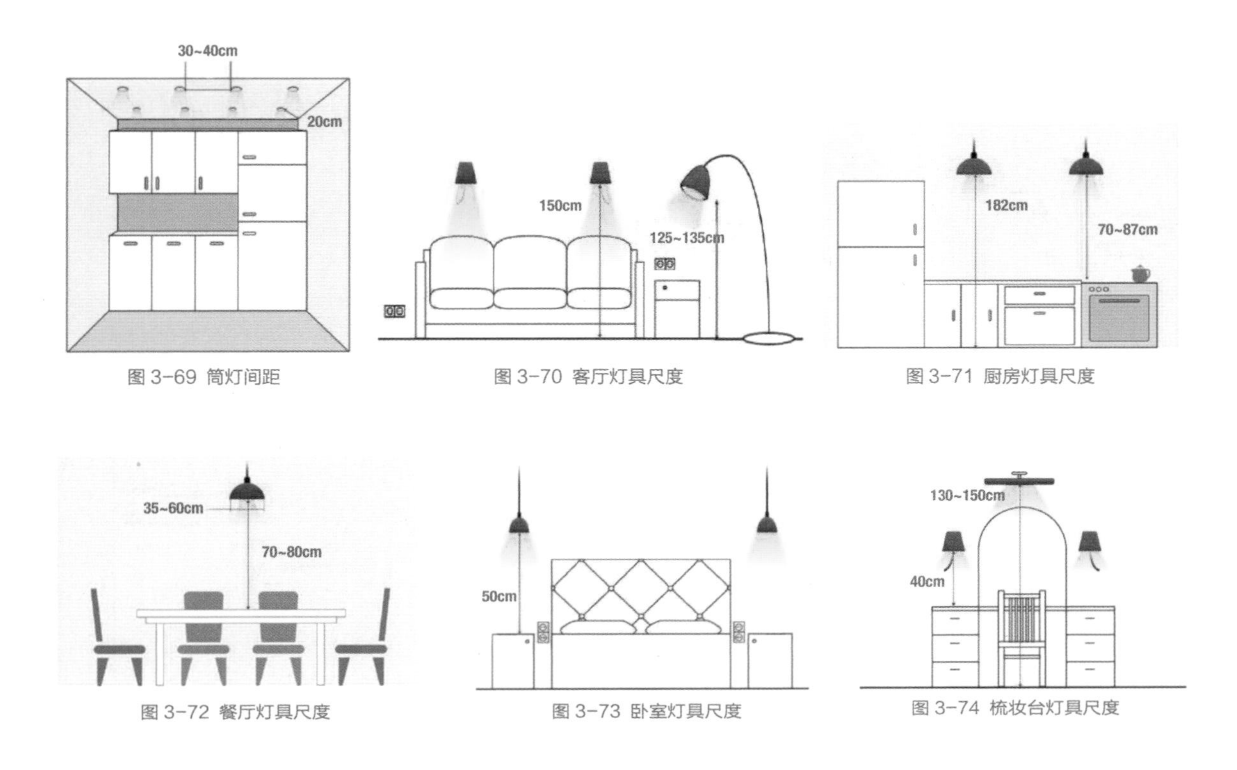

图 3-69 筒灯间距　图 3-70 客厅灯具尺度　图 3-71 厨房灯具尺度

图 3-72 餐厅灯具尺度　图 3-73 卧室灯具尺度　图 3-74 梳妆台灯具尺度

示。在餐厅选用吊灯的过程中，灯距离桌面70～80cm，如图3-72所示。在床头选择吊灯的过程中，灯距离床头柜的高度为50cm，如图3-73所示。梳妆台采用灯具时，台灯距离台面40cm，妆前灯的高度在130～150cm，如图3-74所示。

任务实施

布置学习任务

本次任务针对空间概念方案，结合业主的生活方式、风格和色彩定位及家居空间的平面规划，进行灯具的选择与布置，并制定灯具产品介绍方案。

1. 灯具产品选择

根据家居空间概念方案，从业主概念定位方案出发，综合业主的生活方式、风格和色彩定位及家居空间的平面规划 4 个环节，进行平面草图的初步布局，根据已选择的家具对灯具进行选择；结合家居空间要表达的重点对灯具从材料、造型特点、尺寸和数量、品牌进行初选，制定配饰方案列表。构思框架到现场反复考量，对细部进行纠正，产品尺寸核实，要从尺寸、亮度、光源色彩进行核实，反复感受装饰效果。

2. 灯具产品方案

制作家居配饰初步方案，并制定灯具产品介绍方案，如表3-10所示。

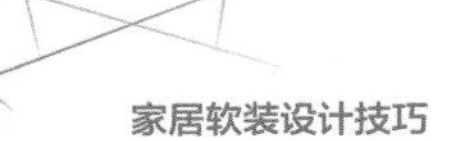

表 3-10 灯具产品介绍方案

家居空间	产品	数量	品牌	主要材质	价格	图片	备注（照度、光色）
玄关	筒灯	……	……	……	……	……	……
	射灯	……	……	……	……	……	……
客厅	吊灯	……	……	……	……	……	……
	台灯	……	……	……	……	……	……
	落地灯	……	……	……	……	……	……

总结评价

对制定的家居软装灯具方案，结合家具选用原则，从家居空间和家居造型风格、材料特性、数量和尺寸、照度、光源色彩等方面进行评价。

思考与练习

1. 灯具的分类方式有哪些？具体类别有哪些内容？
2. 列举出主流风格灯具的造型、材料特征和装饰特性。
3. 列举出家居空间中灯具选择的种类和光源色彩、灯具数量。

巩固与拓展

1. 参照《GB 50034—2013 建筑照明设计标准》，制定家居空间民用灯具方案。
2. 国内外灯具产品品牌调查。

任务三 家居软装产品配置——布艺

任务目标

通过本任务的学习，了解家居空间中重要的产品布艺的分类方式，布艺主要材料的特性、产品种类，以及如何在不同家居空间中选择布艺产品。在家居软装设计过程中，能够根据空间的大小和风格特性，结合布艺的材料、种类、造型等特征，进行家居空间布艺产品搭配设计，对软装家居搭配方案进行评价。

任务描述

通过学习本任务的知识储备部分内容，完成学习性工作任务——软装布艺产品方案制作并进行方案介绍。要求在家居软装概念方案的基础上，结合家具、灯具产品，针对布艺产品的种类、造型特征、材料特性、使用功能等方面，对家居软装布艺方案进行介绍。

知识储备

一、布艺

布艺是家居空间中必不可少的元素。布艺可以柔化室内空间线条，营造温馨、舒适和诗意的空间氛围。单纯功能性的布艺已经满足不了现代人生活的需要，因此，在家居布艺的选择上，要能够结合家居风格、色彩和材质来进行选择。家居空间中的布艺种类丰富，可以分为家居布艺、窗帘、床品、地毯、抱枕以及家布（桌布、坐垫等）。在家居空间中，布艺的选择需要结合布艺的种类、材质、性能和装饰纹样进行。家居布艺装饰如图3-75所示。

二、家居布艺类别

1. 按工艺分类

家居布艺根据工艺可以分为机织物、针织物、非织造物和编织物。

机织物是由存在相互垂直交叉关系的纱线构成的织物。在织机上由经纬纱按一定的规律交织而成的织物称为机织物，也称梭织物。因梭织物经纬纱延伸与收缩关系不大，也不发生转换，因此机织物一般比较紧密，挺硬。布艺机织物如图3-76所示。

针织物为用织针将纱线或长丝构成线圈，再把线圈相互串套而成。分为横向编织的纬编织物和纵向编织的经编织物。由于针织物的线圈结构特征，单位长度内储纱量较多，因此大多有很好的弹性（这也是针织面料样板相对简单、线迹必须有弹性的根本原因）。针织物是由孔状线圈形成，有较大的透气性能，弹性好，手感松软。

非织造物是指由纤维、纱线或长丝用机械、化学或物理的方法使之黏结或结合而成的薄片状或毡状的结构物，但是非织造物不包含机织、针织、簇绒和传统的毡制、纸制产品。非织造物的主要特征是直接纤维成网、固着成形的片状材料，如常见的无纺布等。

编织物一般是以两组或两组以上的条状物相互错位、卡位交织在一起的编织物，如席类、编制毯类、藤织物。也有采用一根或多根纱线相互穿套、扭辫、打结的编结，如挂毯等。

图 3-75 家居布艺装饰

图 3-76 布艺机织物

2. 按面料特性分类

根据面料的特征又可以分为柔软型面料、挺爽型面料、光泽型面料、厚重型面料和透明型面料，如表3-11所示。

表 3-11 面料类型与布艺用途

面料类型	特征	类别	家居应用
柔软型面料	轻薄、悬垂感好，造型线条光滑，轮廓自然舒展	针织面料、丝绸、麻纱等面料多见	有褶裥效果的、流动感，床上用品
挺爽型面料	面料线条清晰，有体量感	棉布、涤棉布、灯芯绒、亚布和化纤织物等	有丰满的轮廓，用于家具表面、抱枕等
光泽型面料	表面光滑并能反射出亮光，有熠熠生辉之感	缎纹结构的织物	夸张的造型，家具布艺、窗帘、家布等
厚重型面料	厚实挺括，能产生稳定的造型效果	厚型呢绒和绗缝织物	不宜过多采用褶裥和堆积
透明型面料	质地轻薄而通透，具有优雅而神秘的艺术效果	纱、缎条绢、化纤、蕾丝等	多用于窗纱、纱帘以及桌布等

3. 按照原材料分类

按照面料的主要材质可以分为天然面料、非天然面料和混纺面料。其中，天然面料又分为植物纤维面料和动物纤维面料；非天然面料又分为再生纤维、合成纤维；混纺面料则根据主要成分不同而有所差异，特征如表3-12所示。

表 3-12 面料原材料类别与特征

面料	分类	常见类别	织物特征
天然纤维	植物纤维	棉、麻、果实纤维等	棉布：轻松保暖，柔和贴身，吸湿性、透气性甚佳，但易缩、易皱
			麻织物：麻、苎麻、黄麻、蕉麻等各种麻类植物纤维制成，强度极高，吸湿、导热、透气性甚佳，但是外观较为粗糙、生硬
	动物纤维	羊毛、兔毛、蚕丝等	丝绸：是以蚕丝为原料纺织而成的各种丝织物，轻薄、柔软、滑爽、透气、色彩绚丽，富有光泽，高贵典雅
			呢绒：各类羊毛、绒织成的织物的泛称，防皱耐磨，手感柔软，高雅挺括，富有弹性，保暖性强，洗涤较为困难
			皮革：经过鞣制而成的动物毛皮面料：一是革皮，即经过去毛处理的皮革；二是裘皮，即处理过的连皮带毛的皮革，护理要求较高
合成纤维	再生纤维	黏胶、醋酯、天丝、莫代尔竹纤维等	色彩鲜艳、质地柔软、悬垂挺括、滑爽舒适，适合做亲肤性强的家居布艺
	合成纤维	锦纶、涤纶、氨纶、莱卡等	色彩鲜艳、质地柔软、悬垂挺括、滑爽舒适，耐磨性、耐热性、吸湿性、透气性较差，遇热容易变形，容易产生静电
混纺	天然纤维与化学纤维按照一定比例混合纺织而成的织物		吸收了棉、麻、丝、毛和化纤各自的优点，又避免了它们各自的缺点

三、家居布艺产品种类

按照在家居空间中布艺产品的种类进行分类，可以分为窗帘、床品、家居用布、毯类、台布和装饰布艺。

1. 窗帘

窗帘，即装饰在窗前的纺织物，具有装饰、遮光、避风沙、降噪声、防紫外线等作用，在功能上应考虑窗帘是否遮光、是否隔音等，在材料和装饰造型上要考虑居室的整体效果，结合环境和季节，考虑窗帘的花色图案能否与家居空间协调一致。窗帘在家居空间的布艺面积较大，能够很好地表达家居风格及家居空间的氛围营造，如图3-77所示。

图 3-77 窗帘布艺

窗帘主要由帘体、辅料、配件三部分组成。帘体即窗帘面积较大的部分，包括窗幔、窗身和窗纱。

图 3-78 窗帘帘头

窗幔具有装饰窗帘顶部的作用，根据窗帘款式的不同，可以选择平铺、打折、水波、综合等造型进行装饰。在材质上通常选择与窗身一致的材料；窗身是起到重要功能和装饰的部分，是窗帘最重要的部分，材质、颜色、花纹样式等决定了窗幔、饰带等其他辅助材料，如图3-78所示；窗纱多以纱帘为主，避免白天室内光线过强，纱帘根据帘身选择。窗帘的辅料主要由窗帘盒、罗马杆、帐圈、饰带、花边、窗襟衬布等组成，配件则包括侧钩、绑带、窗钩、窗带、配重物等装饰性配件，如图3-79所示为窗帘挂钩。现代家居空间设计中窗帘的布艺多以成套出现，窗身、辅料和配料一起，但是在配料的选择上可以选择具有装饰性的配件，增加室内空间的趣味，如古典风格的丝穗和流苏造型的配重物等。

图 3-79 窗帘挂钩

在现代家居空间中，窗帘按开合方式来分，主要有两种：平开式和升降式。平开式即窗帘以横向拉开、闭合为主，常见的有挂钩式、垂直帘等；升降式即窗帘在竖向打开和收起，主要有卷帘、折叠帘等，可以分为卷帘、百叶帘等。

挂钩式窗帘，即窗帘通过衬布钩挂在窗帘杆上，使帘身能够垂坠，如图3-80所示。在造型上，挂钩式窗帘的样式丰富，可直接挂于窗帘杆，也可以和护幔结合，形成丰富的造型。根据窗户的大小可以选择帘的数量，有单帘、双帘、复帘之分。

图 3-80 窗帘挂帘

图 3-81 垂直帘

图 3-82 卷帘

图 3-83 竹制卷帘

垂直帘，即窗帘的叶片一片片垂直悬挂于窗帘轨上，窗帘的叶片可以左右自由调节，达到遮光的目的。垂直帘造型简洁，节约空间，并且要求选择垂坠感较好的材料，如PVC、纤维面料、铝合金和竹木等材质，如图3-81所示。根据家居空间使用需求，选择手动或电动形式进行调节。

卷帘是窗帘可以采用拉绳或链子进行上升下降，能够卷成滚筒状。窗帘的占地面积小，收起或者放下都不会占用太多的空间，窗框整体干净利落、简洁美观，如图3-82和图3-83所示。这类窗帘可使家居空间看起来更加宽敞简约，同时，操作简单方便。卷帘根据卷起的形式主要可分为电动卷帘、拉珠卷帘、弹簧卷帘三种形式。

图 3-84 抽带折叠帘

折叠帘在国内被称作“罗马帘”，在国外统称Shade，可以根据造型及工艺将折叠帘主要可以分成“抽带式”和“罗马式”，抽带式又称为气球式，依靠抽绳进行上下调节，通常抽起时形成曲线造型，具有浪漫的造型形式，如图3-84所示，而罗马帘升降较为简洁，如图3-85所示。

2. 床品

床品即床上用品，是卧室空间内生活素质重要的体现。床品主要包括枕芯、被褥、床垫、枕套、被套等布艺用品，是使用者修养和对生活态度的体现。在现代家居空间中，床品的选择能够有利于表现家居空间装饰效果。床品布艺主要从种类、材质、尺寸和装饰图案四个方面来选择，和整体家居空间效果一致。床品常选择的种类与尺寸如表3-13所示。

图 3-85 罗马折叠帘

表 3-13 床品布艺尺寸

类型	床尺寸	被套尺寸	床单尺寸	枕套尺寸	靠枕常规尺寸
单人床	2m×1.2m	160cm×200cm	200cm×230cm	48cm×74cm	45cm×45cm 50cm×50cm 60cm×60cm
普通双人床	2m×1.5m	160cm×200cm	245cm×250cm	48cm×74cm	
双人加大床	2m×1.8m	160cm×200cm	245cm×270cm	48cm×74cm	

床品材质的选择与窗帘不同，窗帘选择材质是选择主体材质即可，而床品在选择的过程中要注意面料和填充材料。面料影响床品表面的色彩、造型装饰纹样的视觉效果和亲肤性；填充材料让布艺产品使用过程中更加保暖、舒适等。

（1）面料

面料的选择要注意外观美观需求，色牢度符合国家标准的布料都可以采用，布艺的彩色纹理能够起到装饰室内的作用，面料布艺质量上主要考察其撕裂强度、耐磨性、吸湿性、亲肤性性能都应较好，缩水率控制在1%以内。床上用品常见的面料有涤棉、纯棉、涤纶、真丝、亚麻等为主，这些面料有各自的特征。综合性能上看，混纺面料具有较高的使用性能，混纺的涤棉和纯棉面料在床品选择中较为常见。床品布艺面料特性如表3-14所示 。

表 3-14 床品布艺面料特性

种类	优点	不足	面料代表	种类	优点	不足	面料代表
涤棉	混纺织物，弹性、耐磨性好，干、湿情况下，尺寸稳定，缩水率小	容易吸附油污		腈纶	聚丙烯腈纤维的商品名，弹性较好，耐热、耐光性能好	强度不及涤纶和尼龙，耐碱性较差	
纯棉	棉纤维为原料，吸湿、耐热、耐碱，天然材料，触感和亲肤性较好	易皱、易缩水、易变形		真丝	蚕丝制品，染织而成，色彩绚丽，舒适，亲肤性好，吸湿性好，具有吸音、吸尘、耐热特点	成本较高，与其他面料以假乱真，注意养护	
涤纶	聚酯纤维商品名，强度、弹性、耐热性和热稳定性良好，色牢度好，不易褪色	染色性、吸湿性较差，易起静电		亚麻	由亚麻、胡麻等制成的纺织品，纤维强度高，着色性能好，具有生动的、凹凸纹理的材质美感	表面不像化纤和棉布那样平滑，易皱	

（2）填充材料

填充材料主要有被芯、床芯和枕类三大类。填充材料被包覆在面料内，起到支撑、填充的作用，使得床品起到保暖、支撑等作用。

被芯的填充材料以棉花、蚕丝、羽绒、羊毛和柔纤等为主。每种材料具有其独特的特性，不同季节床品

的厚度材料也会有所不同。植物性填充物原料自然环保，蚕丝蓬松轻便，驼、羊绒透气、保暖，鸭绒轻便保暖，柔纤干净整洁。床垫按照材质分主要有弹簧床垫、棕丝床垫、乳胶床垫、羊毛床垫、珊瑚绒床垫、竹炭床垫，如表3-15所示。

表 3-15 被品与床垫填充材料

被品填充材料			床垫填充材料		
种类	特征	图片	种类	特征	图片
棉花	被芯填充材料，保暖性较好，又具有透气、透湿等优点		弹簧床垫	垫芯由弹簧组成，弹性好，承托性较佳、透气性较强、耐用	
蚕丝	蚕丝相互交叉铺叠，丝缕清晰，一次成型；蚕丝被芯蓬松、轻便，可长期使用，不易板结，不变形		棕丝床垫	棕纤维编制而成，一般质地较硬或硬中稍带软；耐用程度差，易塌陷变形，承托性能差，易虫蛀或发霉等	
羽绒	鹅、鸭的腹部成芦花朵状的绒毛作为被芯的填充物，100%羽绒、羽毛，且绒含量大于等于50%		乳胶床垫	从橡胶树上采集来的橡胶树汁，通过现代化设备和技术工艺制成；无噪声，无震动，有效提高睡眠质量，透气性较好	
羊、驼绒	以山羊绒或绵羊绒、骆驼腹部的绒毛为填充物，保暖性、透气性、回弹性好，不产生静电，不吸附灰尘		竹炭床垫	采用竹炭纤维作为床垫用材，竹炭纤维具有吸湿、除臭特性起到吸潮、防潮、净化空气、杀菌的作用	

枕类根据功能可以分为头枕和靠枕。头枕多以睡眠使用，枕芯的填充材料种类比较丰富，棉、化纤、乳胶、荞麦等。靠枕主要用于倚靠用，在造型和种类上较为丰富，面料和填充材料视造型需求而定。靠枕具有使用功能和装饰性。使用起来方便、灵活，能够应用在各种场合做靠枕、坐垫等，床、沙发、榻、摇椅、阳台等均可使用。

靠枕能够依靠材质面料、装饰图案和造型来调节家居空间的环境气氛。靠枕的形状多样，多为长方形、圆形和椭圆形，也可根据喜好选择动物、人物、水果及其他有趣的形象进行装饰。以卧室床单、被罩或沙发的样式进行选择，可选择色彩、材质一致，或与造型和色彩进行搭配，如图3-86所示。

3. 家具用布

布艺具有柔和的触感和视觉效果，清洁方便，近年来成为家具用布的重点，布艺的印花、提花、色彩等具有明显的装饰性，使布艺家具能够在家居空间中起到重要的装饰作用，营造家居空间总体风格和氛围。用

图 3-86 靠枕

图 3-87 布艺家具（1）

图 3-88 布艺家具（2）

布多为床、沙发、座椅等软体家具，布艺家具如沙发可以全布艺设计，也可以与木材、藤材、金属等搭配使用，能够提供舒适坐感和装饰性，如图3-87和图3-88所示布艺家具。家具的面料分类方法比较多，在软装设计中不仅要考量家具布艺的材质和装饰效果，还要从布艺的成分和染织方法进行分类。

按成分分类，家具主要用布分为全棉、亚麻、化纤，从同样克重面料的成本上看，亚麻最贵，纯棉次之，化纤面料相对成本较低。从材料的性能上看，纯棉和亚麻材质特性之前有讲过，这里不再重复。此外，天鹅绒也成为现代家居用材的重要材料，价格成本高于亚麻，因此，天鹅绒多做家居小面积的覆面材料，如床垫、床单、靠枕等亲肤性较强的。天鹅绒是以绒经在织物表面构成绒圈或绒毛的丝织物，有花、素两类，素天鹅绒表面全为绒圈，花天鹅绒则是将部分绒圈按花纹切割成绒毛，绒毛与绒圈相间，构成花纹，如图3-89和图3-90所示。

化纤因为产品种类丰富，能够满足多种家居造型需求，为家居面料提供了丰富的质感和装饰效果。化纤面料常见的有涤纶、腈纶、粘胶、氨纶、莱卡等。其中，涤纶在家居面料中广泛应用，常见的有仿麂皮绒、超柔绒、灯芯绒、雪尼尔绒等。仿麂皮面料如图3-91所示，麂皮绒有针织和梭织之分，视觉上具有天然鹿皮的视觉效果和手感，常用作家居用品的覆面材料等。灯芯绒是割纬起绒、

图 3-89 花天鹅绒面料

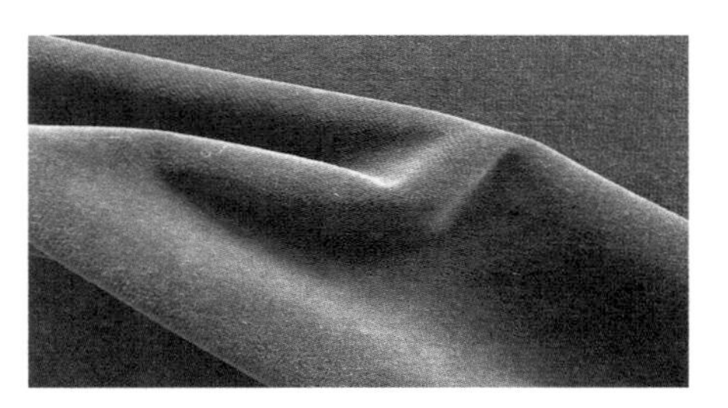

图 3-90 素天鹅绒面料

图 3-91 仿麂皮面料

表面形成纵向绒条的棉织物，又称为灯草绒、条绒、趟绒，如图3-92所示。手感弹滑柔软、绒条清晰圆润、光泽柔和均匀、厚实且耐磨，多用于做家居装饰布、窗帘、沙发面料。雪尼尔绒是由不同粗细和强度的短纤维或长丝通过捻合而成的面料，如图3-93所示。给人的感觉比较柔软和厚实，触摸起来手感舒适。

图 3-92 灯芯绒面料

图 3-93 雪尼尔绒

除此之外，用于制作家具的皮革分为生皮和皮革。直接从动物身上剥下来的经过加工处理的称为生皮，经过各种加工工艺制作而成的称为皮革。生皮可以根据动物的种类进行分类，分为牛皮、羊皮、猪皮、马皮等，可根据皮面的毛孔、亮度、手感来进行区分。家居中的皮革多出现在沙发、座椅、床头、靠枕等，现代家居中书桌面也会采用皮革面制成。根据皮革在家居中的效果又可分为水染皮、漆皮、修面皮、压花皮、印花或烙花皮、磨砂皮、反绒皮、油蜡皮、金属皮等，具体效果如表3-16所示。

表 3-16 皮革分类

种类	特征	图片	种类	特征	图片
水染皮	头层皮漂杂各种颜色上光加工而成软皮		磨砂皮	先抛光处理，将粒面疤痕或粗糙磨蚀，整齐后，染色处理的头层皮或二层皮	
漆皮	二层皮坯喷涂各色压光或消光加工而成		反绒皮	又称猄皮，皮坯表面打磨成绒状，再进行染色的头层皮	
修面皮	修饰头层皮表面疤痕、血筋痕，喷色后制作压面或光面效果		油蜡皮	皮革在鞣制阶段采用油鞣，后期工艺采用优化和拉直手感剂进行处理	
压花皮	修面皮或开边珠皮压制各种花纹或图案，如仿鳄鱼纹、仿蛇皮等		印花或烙花皮	头层或二层皮印刷或烫烙成有各种花纹或图案的	

布艺家具因布艺的种类、花色和材质能够使家居空间出现多种装饰形式，如选择条格、几何图案、大花图案及单色的面料做家具，不受家居风格所限，营造温馨舒适或时尚冷峻的空间。皮革家居，在面料上虽然装饰纹样和图案不及布艺种类繁多，但是皮革能够为家居空间带来豪华气派、沉稳庄重、气宇轩昂的效果。在软装设计中，要根据家居空间的需求和风格特征选择面料。

图 3-94 家居空间地毯场景

4. 毯类

毯类，是以棉、麻、毛、丝、草等天然纤维或化学合成纤维为原料，经手工或机械工艺进行编结、栽绒或纺织而成的铺设物。在现代家居空间中，毯类不再只是最开始在地面、墙面铺设的保暖、隔热、防潮等功能材料，更赋予更高级、丰富的装饰意味，是家庭空间中赏心悦目的产品，如图3-94所示。按照功能，毯类可以分为床毯、挂毯和地毯。

在家居空间中，床毯可以参考床品主要材料进行选择，以与床品的色彩纹样进行搭配，可做床旗使用。卧室空间如果色彩比较清淡，则可以利用重色或花色床毯做色彩装饰，使床品能够起到卧室视觉中心的作用。如果床品的花色过重，则可以采用素色的床毯，来使床品装饰稳重。而挂毯，主要以装饰为主，在色彩、材质和编制工艺上结合家具空间的风格特征进行选择，但是不宜在小面积的家居空间内做大面积的烦琐花饰挂毯，避免家居空间过于拥挤、狭小。按照材质，毯类可以分为纯毛、混纺、化纤、草编等材质，材质特征如表3-17所示。

表 3-17 毯类种类

种类	优点	缺点	图片	种类	优点	缺点	图片
纯毛	多用于高级住宅的装饰，价格较贵，抗静电性能好，不易老化、磨损、褪色	抗潮湿性较差，而且易发霉和虫蛀		草编	利用芦苇、竹篾、黄麻等植物材料编制而成，具有浓郁的乡土气息，夏季铺设清新凉爽	不易保养，容易积灰，雨季容易霉变，不适合潮湿地区使用	
化纤	价廉物美，经济实用，具有防燃、防污、防虫蛀的特点，质量轻、色彩鲜艳、铺设简便	弹性不及羊毛，抗静电性能差，易吸灰尘		真丝	以桑蚕丝线、柞蚕丝线栽绒缩结编织而成，生产数量少，价格昂贵	需要格外养护，价格昂贵	
混纺	在纯毛地毯中加一定比例的化学纤维制成，兼具羊毛和化纤的优势	易与纯羊毛地毯混，购买时需要鉴别		动物皮毛	以动物的整张皮毛或皮毛拼接，多以牛羊为主，也有采用化纤仿制动物皮毛支撑。这类脚感舒适，造型奇特	日常需要注意养护和打理	

而按照毯类表面纤维的状态又可以将地毯分为圈绒地毯、割绒地毯和圈绒割绒结合地毯。

在家居空间中，地毯的选择主要从功能、造型、材质、色彩、装饰图案等多方面进行综合考虑，地毯能够和家居空间的界面、家具、灯具相得益彰，结合家居空间的使用需求选择防静电、耐磨、防燃、脚感舒适的地毯。

5. 台布

台布是用于盖覆在家居表面的布艺，包括床罩、沙发套、桌旗、床旗、桌布、餐垫等布艺产品，如图3-95所示。主要用于防止家具、陈设品的磨损，同时起到防尘、防污的作用。台布的使用应该注意不要过于烦琐，主要以家居空间的点缀为主，防止家居空间视觉上过于凌乱。

图 3-95 桌旗

6. 装饰布艺

装饰布艺即以布艺作为主要材料，在家居空间中起到装饰作用的产品。这些产品包括挂毯、壁毯、吊毯或壁挂织物，这些毯类可以在家居空间中代替挂画等装饰室内空间，特别是具有精美纹理的真丝类，可以很好地装饰室内空间。除此之外，还有一些编制物、编制毯、刺绣屏风、毛绒玩具等起到装饰作用的布艺产品，如图3-96所示为刺绣屏风。在选用的过程中，结合家居空间风格和整体环境氛围进行选择。

图 3-96 刺绣屏风

四、布艺搭配及原则

1. 确定布艺饰品的种类和材质

在家居空间进行布艺设计过程中，要能够确定布艺产品种类，进行整体的布艺产品种类规划，如布艺家具、床上用品、地毯、靠枕等。在确定产品的种类后，进而对布艺产品的材质进行确认，要了解不同布艺材质的产品特性，便于日常生活所使用。

2. 运用布艺曲线柔化室内空间

在进行家居空间软装设计过程中，要能够善于运用布艺产品的特性，结合空间特征，用布艺软化室内空间，如窗帘、床品、毯类等布艺产品的使用，可以削弱地砖、玻璃、金属等材质冷硬的质感，使家居空间更具有人情味。

3. 强调材质的质感和装饰图案

布艺材质种类多样，不同材质具有不同的性能，采用的装饰手法也各不相同。用布艺进行软装设计的过程中，装饰纹样、色彩和肌理是能够突出个性化和设计风格的重要因素，因此，材质、色彩、装饰图案要能够体现出业主的生活品位，同时能够很好地强调空间的风格特色。

4. 体现地域特色，营造空间氛围

不同地区具有各自独特的文化元素，在布艺中也可以很好地体现出来。中式的植物、几何、文字纹样等和西方的玫瑰、大马士革纹样等可以应用在布艺中，采用刺绣、印花、提花等形式装饰在布艺表面，可以很好地展现地域和风格特色，便于营造家居空间的氛围。

任务实施

布置学习任务

本次任务针对家居空间概念方案，结合业主的生活方式、风格和色彩定位及家居空间的平面规划方案，选择布艺产品并制定布艺产品介绍方案。

1. 家居产品选择

根据家居空间概念方案，从业主概念定位方案出发，综合业主的生活方式、风格和色彩定位及家居空间的平面规划 4 个环节，初步布局家具、灯具的产品之后，进行布艺产品的选择；结合家居空间风格、色彩元素进行归纳分析，从布艺产品的种类、造型特点、尺寸和数量、品牌进行初选，制定配饰布艺方案列表。

2. 家居产品方案

制作家居配饰初步方案，并制定布艺产品介绍方案，如表3-18所示。

表 3-18　布艺产品介绍方案

家居空间	产品	数量	品牌	主要材质	价格	图片	备注
玄关	地毯	……	……	……	……	……	……
	靠枕	……	……	……	……	……	……
卧室	床品	……	……	……	……	……	……
	窗帘	……	……	……	……	……	……

工作地点：家居软装一体化实训室

工作场景：采用学生现场介绍、评价，教师引导学生理论与实践相结合的一体化教学方法，教师以家居软装方案为例，进行软装方案的介绍，学生根据教师的操作演示和学习任务完成工作任务。教师对学生的工作过程和成果进行评价和总结，学生根据教师指导改善方案。

总结评价

结合布艺选用原则，对制定的家居软装方案从布艺产品、造型风格、材料特性、数量和尺寸等方面进行评价。

思考与练习

1. 布艺的分类方式有哪些？具体类别有哪些内容？
2. 窗帘的类别、材质特征和造型特点有哪些？
3. 简述家居布艺面料、填充材料的种类、材料特征和装饰特性。

巩固与拓展

1. 如何在家居空间选择布艺产品？
2. 国内外布艺产品品牌调查。

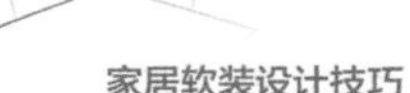

任务四　家居软装产品配置——花品

任务目标

通过本任务的学习，了解家居空间中花品的种类和特性，不同风格花品的特征以及在不同家居空间中如何选择花品。在家居软装设计过程中，能够结合空间的大小和风格特性，选择合适的花品材料、种类、造型等，能够运用所学的知识进行家居空间花品搭配设计，对软装花品搭配方案进行评价。

任务描述

通过学习本任务的知识储备部分内容，完成学习性工作任务——软装产品花品方案制作及方案汇报。要求在家居软装概念方案的基础上，结合家具、灯具、布艺产品进行选择花品，能够从花品的造型特征和材料特性等方面对家居软装花品方案进行介绍。

知识储备

一、花品

在家居空间中，花品主要作为空间装饰物品，绿植、干枝、干花、插花等都是家居空间中重要的装饰产品。除了花以外，花器也是影响花品艺术效果表现的重要因素。

现代家居空间中，赋予花品更多的装饰意味和审美情趣，东方花艺注重花品的意境和禅意的表现，西方花艺则注重花语含义的表现。北欧风格中强调绿色、自然，擅长以叶饰进行装饰，根据家居的风格特点选择花品。作为家居装饰品，花品结合了传统手工艺术中的绘画、雕塑等造型艺术，使家居空间具有色彩、艺术质感和装饰含义。

1. 家居空间中花品的主要功能

（1）增加空间色彩，柔化室内空间

绿色植物生机勃勃，各种颜色、形态的花品则用自己独特的色彩装饰室内空间。在现代家居空间中，一些暗色系的空间，如工业风、金属风的室内空间会有沉闷、冷硬的视觉效果，绿植和花艺的使用，使空间的色彩丰富起来，柔化室内空间，消除砖石和金属的冷硬感。

（2）软性分割空间，引导室内流线

在进行空间分割的过程中，除了用墙体和家具进行分割外，可以用花品进行空间的软性分割。可以将大型的花艺，如大型绿植等作为两个功能空间划分的界限，也可以采用小型花品对空间进行区分，在大面积的空间内也可以用花品区域分割出休闲功能区域，如图3-97所示。

图 3-97 花品装饰空间

（3）美化室内环境，烘托家居氛围

花品具有自然、清新的装饰作用，极具生命力，是其他家居软装产品无法代替的。绿化和花艺都得使用，不仅能够起到陈设装饰的作用，还可以反映出主人的生活品位和情趣。古今中外对于花品都赋予强烈的人情色彩，东方赋予梅、兰、竹、菊高尚的情结，西方赋予花品浪漫的花语，都使得家居空间的花艺反映出主人的审美情趣。同时，花品置于家居空间中形成鲜活的装饰，能够释放天然香气，也能够营造家居空间温馨浪漫、绿色自然的氛围。

2. 家居空间花品选择

花品的选择并不只是将花放在家居空间即可，而是要结合家居空间的特点对花品进行选择。如高型的室内空间在花品的选择上，就以竖向延长，增加竖向空间的层次感，此时大叶绿植、棕榈等为首选；若家居空间面积有限，则不适合大型绿化，宜采用小型植物进行设计，花艺、盆景等能够起到重要的装饰作用。

在家居空间中进行花品的装饰，还需要结合日常生活所需，即花品能够确保家居空间的健康，同时便于日常养护和打理。在种类繁多的花艺中挑选适合家居空间的产品需要注意以下两点，即家居空间花品选择的“宜”与“忌”。

（1）家居空间花品“宜”选

一“宜”，选具有净化空气能力的绿植。现代家居空间进行装饰装修过程中，易出现有害气体，吊兰、芦荟、虎尾兰、仙人掌能大量吸收室内甲醛等污染物质，消除并防止室内空气污染。二“宜”，选观赏性好、好养护的花品。尽量选择好养护、观赏性强且花期长的品种，如天竺葵、四季海棠等。三“宜”，选花品要精致。花品的造型要美观，新鲜花艺要没有枯叶、蔫花，绿植不得有病变黄叶，干枝材质色彩均匀，干花花朵不易掉落等。

（2）家居空间花品“忌”选

一“忌”，花品过多、过乱。在家居空间中选择花艺产品，需要对花品进行合理规划，使其与整体家居空间相协调，而不是追求过多、过大。二“忌”，花品浓香味烈。在家居空间选择花品的过程中，避免选择刺激性气味、具有浓烈香气的绿植、花艺。三“忌”，选择具有毒性的花品。在自然界中有很多美丽的花品，但释放毒性的花品不得放置在家居空间内，以免对身体造成伤害。常见的如天南星、夹竹桃、水仙花等，避免在家居空间中出现。

二、花品的种类

1. 按材质种类分类

家居空间花品按照材质可分为绿植、花艺、干花、仿真花等。其中，花艺将花、叶、枝等进行二次加工已达到装饰效果，因此在后续的造型风格分类中详细介绍。此处以绿植、干花、仿真花为主。

（1）绿植

绿植即绿色观叶植物的简称，如图3-98至图3-101所示。在家居空间中主要以装饰空间、观赏以及调节室内空气湿度为主。现代家居空间中采用的绿植多以热带雨林及亚热带地区的植物为主。可以选择阴生植物，其耐阴性能强，可作为室内观赏植物在室内种植养护。在选择绿植的过程中，结合家居空间的风格特征选择。

图 3-98 墨绿色

图 3-99 深绿色

图 3-100 浅绿色

图3-101 彩色

就色彩上看，绿植的绿色有墨绿色、深绿色、浅绿色、花卉植物和其他色彩，如鹤望兰、琴叶榕、龟背竹等植物色彩墨绿，喜阳但是不适合暴晒，色彩上不受风格限制，适合放置在客厅空间。在形态上，在株型上有大型、中型、小型和袖珍绿植之分。大型绿植适合装饰家居空间，挺拔向上的适合高型空间，放置在地面上进行装饰，例如高型的发财树、鹤望兰等。叶形有大小、长短、粗细之分，如图3-102至图3-105所示。

（2）干花

干花，也称为干燥花，即利用干燥剂等使自然花材迅速脱水而制成的花。可以久置不坏，具有独特风味的观赏花材。这种花可以较长时间保持鲜花原有的色泽和形态，有鲜花所不及的耐久性，也比人造花真实、自然。近年来，干花茎叶逐渐在家居空间中变成备受推崇的花品，从造型和工艺上的特点可以将干花分为以下几类。

①立体干花：立体干花是干花的重要组成，主要是新鲜植物的花、枝、叶、果等进行干燥处理，使植物脱水下植株的形态，保留自然状态，同时增加质朴的装饰效果。种类广泛，可作插花及其他花卉装饰用，如图3-106至图3-109所示。

②永生花：永生花又称为保鲜花、生态花，国外又叫“永不凋谢的鲜花”。永生花是将玫瑰、康乃馨等花冠明显的花品，保留花冠和萼片，再经过脱水、脱色、烘干、染色等复杂工序加工而成的干花。永生花保留了鲜花的色泽、形状、手感，在色彩上较为丰富，保存时间至少3年，是花艺设计、居家装饰、庆典活动最为理想的花卉，特别是在家居空间中可以保留花的状态，不必担心枯萎变形等。如图3-110至图3-112所示为永生花装饰。

③创作花：创作花也称组合干花，是将干花的局部进行二次加工处理创造的花卉装饰。利用干花制造新的花艺，这类干花的花托、叶片等都是经过人工组合、创作而成的。这类花艺形态种类丰富，保留了干花的装饰特征，花朵造型质朴，能够使家居空间具有不一样的装饰意境，如图3-113至图3-115所示。

④平面艺术压花：平面艺术压花是通过物理、化学等手段将花材进行处理后，通过构图设计、固定、封藏等工序，将花材制成平面花卉装饰品，如装饰画、明信卡等，如图3-116至图3-118所示。这类干花在家居空间中装饰主要以艺术花的形式出现。

图3-102 大形叶

图3-103 圆形叶

图3-104 小叶

图3-105 细叶

图3-106 干莲蓬

图3-107 干棉花

图3-108 干枝

图3-109 构成花

图3-110 永生花盒

图3-111 永生花灯盒

图3-112 永生花饰

图3-113 创作花

图3-114 花环

图3-115 万代菊

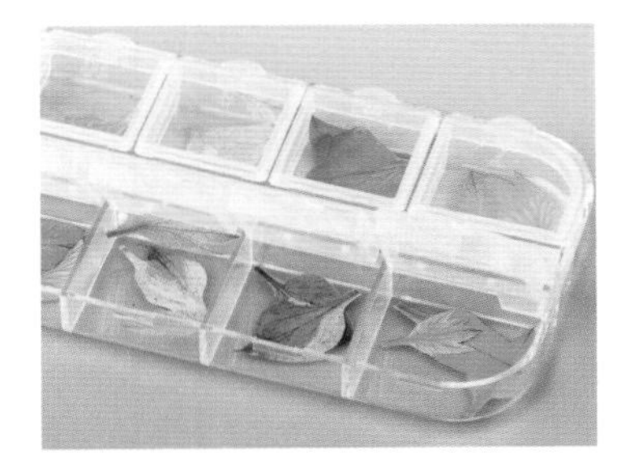
图3-116 压花花片

图3-117 压花画

图3-118 压花饰品

⑤干花香盒：将干花和香氛结合在一起的装饰品。采用有香味的花朵碎片为主要原材料，与香辛植物、香料一起调制，或本身具有香味的干花，如薰衣草、桂花、迷迭香等，装入玻璃容器或布袋内，作为一种赏香饰品。

（3）仿真花

仿真花，又称人造花，即采用其他材质来制作花品。可以用绷绢、皱纸、涤纶、塑料、水晶等材料，按照绿植、鲜花作为雏形，用布、纱、丝绸、塑料等其他材料仿造出来。仿真花的工艺越做越精，几乎可以以假乱真。除了有各种鲜花的仿造品，市场上还出现了仿真叶、仿真枝干、仿真野草、仿真树、仿真植物等。

2. 按造型风格分类

东方花艺以中国、日本和东南亚地区为代表，西方花艺以欧美国家为代表，以古希腊、古埃及为基础，后经过多个国家经济、贸易、文化往来，在荷兰发展成为西方花艺。具体特征如下：

（1）中式花艺

中国具有悠久的花艺历史，早在2000年前就已经有插花意念和雏形，到唐朝时插花开始盛行起来。至宋朝，插花艺术得以在民间普及，并备受文人的喜爱，形成极具文人思想的审美意境。在花艺的造型上，中式的花艺不单单以花为重点，还应突出花与景、与境、与人的关系。

中式花艺推崇自然思想，讲究自然优美的线条和花艺姿态。花艺的构图布局高

低错落有致，俯仰呼应，疏密聚散，能够利用植物生长的自然形态进行花艺构图，利用花器、山石、枯枝等营造自然意境。从艺术类型上看主要有写景、理念、心象及造型花四类，如表3-19所示。

表 3-19 中式花艺

类别	特点	图片	类别	特点	图片
写景	仿盆景表现手法，描写自然或赞美真实景观为目的，注重描写对象的季节感与地域性，以盘花为最多		心象	以抒发个人情绪的抽象表现，可传情达意，寄忧抒怀，文人插花大多属于此类	
理念	注重理性，内容重于形式，有秩序，重视社会美，结构讲求清、疏，一般以瓶插或碗插居多		造型	把握造型原理创造美，如统一、平衡、对称、比例、渐层、节奏、反复、对比等进行造型	

（2）日式花艺

传统日式花艺被称为花道或华道、日式插花，属于插花中的一种，是“活植物花材”造型的艺术。从造型形式上看，日式传统花艺形成了独特的风格流派，可以分为池坊流、小原流和草月流三类。其中池坊流为华道创始，花艺历史悠久，造型有“立花”“生花”以及现代“自由花”三种插花形式，侧重对花品色彩写景的表现；小原流，创立花道新样式后开创的近代花道新流派，小原流以“盛花”为代表，表现花材的繁盛，插花中的水盘和剑山就源于小原流；草月流，为新流派，以“轻快时髦”风格广受人们喜爱，不受花卉与植物等素材的限制，崇尚自然并反映新生活。常见形式如表3-20所示，其中立花和生花为传统花型，为池坊流所创。

表 3-20 日式花艺

种类	特征	图片	种类	特征	图片
立花	竖立着的花，以抽象的意念、枝条的空间伸展来模仿自然山水		盛花	盛放在浅盆内的花艺，采用水盘或广口花器，插口处要做适当的装饰	
生花	意为生长的花，花型固定于三角形的构成，以副、体、真来表现天、地、人		自由花	意即不受传统的花型和角度约束，可完全依赖创作者对花材的感悟随机而作，同时加入了各种非植物材料及插作方法	
投入	指将花枝投入细高的瓶中（花枝靠在瓶口而立），一般用长瓶、长壶为花器表现枝形				

图3-119 花串

图 3-120 圆锥形

图3-121 盘形

图 3-122 折叠荷花

（3）东南亚花艺

东南亚地区虽地处东方，但在花艺上明显与中式、日式花艺有所不同，比起中式和日式花艺的节制与内敛，体现优雅的自然意境，东南亚花艺无论是在色彩上还是造型结构上则充满热烈和热情，展现浓厚的热带风情和佛教思想。

东南亚花艺以泰式花艺为代表，受宗教思想影响，泰式花艺在佛教供花的基础上发展而来，花艺围绕佛花、供花为主题风格。与中式、日式的取花材自然地状态进行剪插不同，泰式花艺采用编制、串联、堆叠处理花材，色彩对比强烈，花材叶、花型、色彩种类丰富。从造型上看，泰式花艺不同于简单的花束与花盒，而是结合花型特点进行造型。主要的花艺形式有项链形、宝塔形、盘形等。如图3-119所示，项链形花串通常挂于窗户、门及吊灯上。如图3-120所示圆锥形花艺，造型上看像泰国寺庙的圆顶，花材色彩十分鲜艳。盘形花艺造型简洁，如图3-121所示，是传统的泰式花艺形式，采用香蕉叶巧妙地摺出不同造型，如同莲花座，内部可放置茉莉、水果、食物等。如图3-122所示为折叠荷花等，使泰式花艺具有浓烈的神秘感。

（4）西方花艺

西方花艺具有悠久的历史，富有浓厚的自然情趣，造型上富丽堂皇、精美典雅。西方花艺讲求大型化，具有造型大、容器大、花材种类多、花材用量大等特点，数量多，具有繁盛之感，形成五彩缤纷的效果。以几何形为基础进行造型，可以分为半球形、三角形、圆锥形、扇形、垂直型、水平型、弯月形、字母形，如表3-21所示。

表 3-21 西方花艺

种类	特点	图片	种类	特点	图片
半球形	将花材剪成相同长度插在花泥中，形成一个半球形状		水平型	是四面观的花型，源于古希腊时的装饰花型	
三角形	花型插剪成对称和非对称三角形		弯月形	重心位置仍设置在花器，两侧一高一低，或形成新月造型	

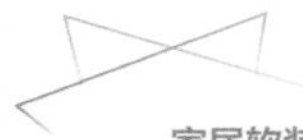

续表

种类	特点	图片	种类	特点	图片
圆锥形	插花类似于金字塔造型，花束以高耸居多，底座圆形		字母形（因为其造型和字母的形状相似而得名）	S形	
扇形	花艺当中最基础的造型，类似孔雀开屏			L形	
垂直型	以线形花（剑兰、彩虹鸟、锈线）为主，挺立、修长			倒T形	

（5）现代花艺

现代花艺由东西方传统花艺的基础上发展而来，将东方花艺和西方式几何图形的插花结合在一起，各取优势发展起来的花艺。以东方花艺线条为主，综合西方式色彩艳丽的手法，将花艺的重点构图层次分明地表现出来。不受任何传统理念、法则、形式的限制，表达出不同的造型形式；花材的种类繁多，不受材料限制，任何材料都可以运用其中。现代花艺从造型上看主要有以下几类，如表3-22所示。

表 3-22 现代花艺

种类	特征	图片	种类	特征	图片
阶梯式	花材以阶梯状排列，形成花材阶梯状的感觉即可，以点状的花材较适合，如康乃馨等		组群式	同种类、同色系的花材分组构成组群，组间要有距离；以点状或线状花材较适合	
重叠式	平面状的叶或花都可以用此技巧表现，底部重叠向上剪插		群聚式	3朵以上的花或叶，集合成在花梗处，具有强而有力的线条和花朵的团状之美	

续表

种类	特征	图片	种类	特征	图片
堆积式	花材数量多或颜色多，形状和大小均不规则，花梗露出段，以选用点状、块状花材为宜		平铺式	花材以平铺为主，无高低层次之分，看起来在一个平面，如新月形，S形，圆球形，冠形，自由开形	
焦点式	单面花形在形状、色彩、面积上形成视觉焦点的花艺形式				

三、花器

花器是存放花艺最重要的器皿，花器品种繁多，造型材质各有特色。花品造型的构成与表现，得益于花品与花器的造型、色彩和质感，花品与花器彼此衬托。同时，一些特殊材质的花器也能够突出家居空间的环境效果。

1. 形态

盆，指口大、底端小的倒圆台或倒棱台形状的花器，如图3-123所示。多用于绿植、种植的花卉。形式和材质种类形式多样，大小不一。根据花卉造型进行花盆的造型和色彩选择。材质上，花盆的材质主要有玻璃钢、砂岩、紫砂、陶土、瓦盆、釉陶、石材等。

瓶，花瓶多用于水培花品，如图3-124所示，用来供养绿植、花品、花艺等。造型种类丰富，有透明材质水晶、玻璃、透明塑料等，不透明材质金属、陶瓷、不透明塑料等。瓶口有广口瓶、窄口瓶，瓶身有平、鼓，瓶内有深浅之分。

桶、缸、钵，口大底小，此类花器身矮、口阔，高度介乎瓶器与盘器之间，外形稳重、内部空间大、容花量多、适用于西方大堆头式插花、各式几何形插花、日本立华及中式插花等。在造型上，花桶与广口瓶类似，体积更大。花桶的材质主要以木质为主，用花桶作为花器，可以用绿植、花材、干花、花艺等，如图3-125所示。缸、钵则适合传统东方花艺。

篮，以竹、藤、柳、草、麻、尼龙等材料编织而成的篮形花器，如图

图 3-123 盆

图 3-124 瓶

图 3-125 桶

3-126所示。花篮的大小可以根据花品的大小进行选择。花篮可以用于存放绿植、花艺、干花等花品，造型上具有自然古朴的特点。花篮存放绿植，则应注意防水，以免花篮进水变形，绿植可以放置在花盆后再置于花篮中。

盒，以简单的几何造型围成的用于放置花品的器皿。盒内深度较浅，通常放置的花品形态不会较大，花品整体偏向平面化造型，有圆形、方形、椭圆形等，材质有纸质、玻璃、木质等。

盘，浅身阔口的扁平类花器，包括盘、碟、水仙盆等，如图3-127所示。盘主要应用在中式和日式的传统花艺中，因为盘深度较浅，花品通常直立在盘中，进行造型构图。盘的材质主要有陶瓷、石材等，体现花品的原生态。

挂，主要用于盛放吊挂花艺、绿植的器物，多以金属、木质等材质根据花艺的造型进行设计，可用于吊着或挂在墙上或篱笆上，如图3-128所示。

2. 材质

木花器，木质花器的造型以几何形体为主，如图3-129所示。木材具有湿胀干缩的特性，因此选择木质花器要注意做好防水处理。木质花器比较适合干花和仿真花。

瓷花器，瓷器做成花器，可以制成多种形式，如瓶、盆、盘等，具有精良的工艺，表面釉制光滑细腻。装饰方法上有划花、浮雕、开光、点彩、青花等几十种之多。同时，花器色彩美观实用，极具装饰性，是中式花艺和日式传统花艺使用的容器，瓷花器如图3-130所示。

陶质花器，以陶土为原料制作花器，如图3-131所示。质地比瓷器粗糙，通常呈黄褐色。也有涂上别的颜色或彩色花纹的，现代花器中多在陶面涂粗釉，增加花艺的光泽感。

金属花器，采用铜、铁、银、锡等金属材质制成，如图3-132所示。能够给人以庄重肃穆、敦厚豪华的感觉，又能反映出历史时代感，选择金属花器应注意防腐、防锈。金属花器可以应用在东西方的

图 3-126 篮

图 3-127 盘

图 3-128 挂

图 3-129 木花器

图 3-130 瓷花器

图3-131 陶质花器

图 3-132 金属花器

图 3-133 玻璃花器

图 3-134 塑料花器

插花艺术中。

玻璃花器，主要颜色鲜艳、晶莹透亮，如图3-133所示。玻璃容器在色彩上更加丰富了，含有各种金属元素的玻璃，打造出红色、蓝色、绿色等各种富有美感的色调来。用完的香水瓶、酒瓶等都可以用来插花，使得家居更加充满梦幻的色彩。

竹藤类花器，具有质朴雅致、造型简洁、不易破损的特点。在众多材质制成的花器中独树一帜。可以用此类材质制作花篮、花桶等。采用竹藤类材质制作花器，取材自然，赋予花品浓厚的乡野气息。

纸质花器，以纸为原料装饰花品，可以用厚纸制作纸盒等盛放花品，也可以用具有装饰性的花纸包覆鲜花、干花等进行装饰。

塑料花器，经济实用。价格便宜，轻便且色彩丰富，造型多样，用途广泛，如图3-134所示。

四、花品设计原则

在家居空间进行软装设计的过程中，除了选择合适的花品和花器之外，还要确保花品能够和家居空间的功能、风格特点、主人喜好以及空间主题表达等相适应。

1. 花品布局结合空间布局

在家居空间中对于花品的选择要能够结合空间的布局，花艺产品布局按照“总”“分”“总”的形式进行。首先综合空间整体效果，按照家居空间流线进行布置，再进行花品局部效果设计，确定局部空间内的花品、高度、色彩等，然后整体考量花品的效果。最后，结合空间效果布局花品，进行空间协调。如客厅空间是家居空间的门面，也是家居的公共空间，因此花品以选择茂盛、色彩明亮为主，可选择绿植、花艺等进行装饰，使花艺效果与家居环境协调，如图3-135所示。

2. 花品造型迎合家居整体风格

花品并不是独立于家居空间中，是家居空间中重要的陈设，在进行花品的选择过程中要能够结合家居空间的整体风格及色彩特征，进行花品色彩、颜色、造

图 3-135 布局合理

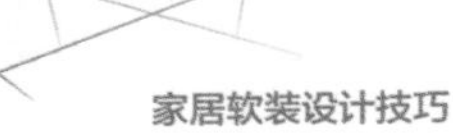

图 3-136 迎合风格

图 3-137 产品协调

图 3-138 环境相融

型和品类的选择。例如在现代风格中以功能实用为主，简约的家居风格则不太适合色彩过于浓烈、花色对比效果明艳的花艺，而含蓄传统的中式花艺和日式花艺也容易与空间格格不入，所以搭配简约的现代花艺和绿植为宜，如图3-136所示。

3. 花品与家居空间产品协调

家居空间中摆放的产品，除了家具、布艺以外，还需要将花品、画品以及装饰品等进行协调设计，使花品能够在家居空间中与其他产品相协调成为一个整体，以达到美化家居环境、提升家居品质的目的。花品置于家居空间中，不会影响家具的使用，也不会影响其他软装产品的应用，将花品直接落地摆放、桌上摆花、墙角搁花、空中悬花、角几置花等，使花品与家居空间产品和谐共处，如图3-137所示。

4. 花品与家居空间环境相融

运用花品进行软装设计的过程中，要能够使花品贯穿于整个室内空间，花品的放置不影响空间的流线规划，同时在花品的比例、色彩、风格、质感上能够与其所处的环境融为一体。让花品置于家居空间中并成为和谐的装饰品，使人与花品和家居空间能够形成自然和谐的状态，使人们在家居空间中也能感受到人与自然的和谐，如图3-138所示。

任务实施

布置学习任务

本次任务针对家居空间概念方案，结合家居空间业主的生活方式、风格和色彩定位及家居空间的平面规划，在家具、灯具、布艺产品的基础上，进行花品的选择与布置，并制定家居软装花品方案。

1. 软装花品选择

根据家居空间概念方案，从业主概念定位方案出发，综合业主的生活方式、风格和色彩定位及家居空间的平面规划 4 个环节，在选定家具、灯具、布艺的基础上，结合家居空间风格、色彩元素进行归纳分析，选择家居空间的花品，制定配饰花品方案列表。

2. 软装花品方案

制作家居配饰初步方案，并制定花品介绍方案，如表3-23所示。

表 3-23 花品介绍方案

家居空间	产品	数量	种类	主要材质	价格	图片	备注
玄关	中式花艺	……	……	……	……	……	……
卧室	中式盆景	……	玉兰	……	……	……	……
	干花插花	……	干枝梅	……	……	……	……
客厅	绿植	……	琴叶榕	……	……	……	……

总结评价

对制定的家居软装花品方案，结合花品选用原则，从花品种类、形态特征、数量和尺寸等方面进行评价。

思考与练习

1. 花品的分类方式有哪些？具体类别有哪些内容？
2. 花艺与绿植材质进行设计具有哪些特征？
3. 列举出主流风格花艺的造型、材料和装饰特性。

巩固与拓展

1. 如何选择家居空间的花艺产品？
2. 对于家居空间与商业空间的花艺选择有哪些不同之处？

任务五　家居软装产品配置——画品

任务目标

通过本任务的学习，了解家居空间中重要的装饰产品画品的分类方式，画品的风格特性和装裱方式，以及在不同家居空间中如何选用画品。在家居软装设计过程中，能够结合空间特性，运用所学的知识进行家居空间画品的搭配设计，对软装画品搭配方案进行评价。

任务描述

通过学习本任务的知识储备部分内容，完成学习性工作任务——软装画品方案制作与汇报。要求选择的画品能够与家居空间和谐搭配，对家居软装产品进行介绍。

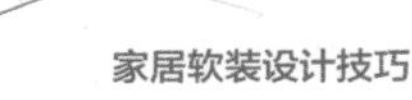

知识储备

一、画品

1. 画品的定义

画品，即装饰画，是家居空间中起到重要装饰作用的装饰物品。作为软装设计师，要能够了解画品的相关知识，对于画品的历史、色彩、表达意向、制作和装裱工艺能够了解，能够熟练运用画品的摆放和陈设技巧，使画品能够在各种家居空间中起到最佳的装饰效果。在家居空间中，画品的选择种类多样，可以根据空间的特点，选择中国画、西方油画、特殊工艺画等，通过画品能够使家居空间在色彩和材质的表现上更具有层次感，需要对其特征有所了解，方便在家居软装设计的过程中进行选择，如图3-139所示。

图 3-139 画品

2. 画品的作用

（1）增强家居空间视觉效果

在家居空间中墙面无论是做壁纸、乳胶漆还是做硅藻泥、石材等，大面积的单一色彩和纹饰是这些墙面装饰的共同特点。沙发背景墙、床头背景墙等大面积墙面在色彩和质感上过于单调，即便是壁纸上具有精美的纹饰，时间长了也会造成视觉疲劳。

（2）体现居住者的生活品位

家居空间放置的装饰画品在增加家居空间装饰性的同时，画品放置在家居公共区域内，如客厅、餐厅等，也能很好地展示出居家主人的性格、爱好以及审美情趣。因此，在画品的选择上需要选择与主人身份、兴趣爱好相符合的画品。

（3）能够愉悦居住者身心

良好的画品放在家庭空间中，不是单纯做装饰，要能够将画品内的内涵融入家庭空间中来。选择欣欣向荣的画品能够使空间更加温馨、和谐，使人们感受到家庭的温暖，使居住者心情愉悦，起到很好的心理调节作用。

3. 画品选择的基本原则

（1）画品选择宁缺毋滥

家居空间的画品虽不是必需品，但必须要选择最合适的。画品本身没有好坏之分，在家居空间作为装饰元素会有搭配好坏之分。搭配不当的画品会破坏整个家居的设计风格和空间产品的协调性，使家居空间失去良好的装饰性。例如在现代家居空间中将色彩和造型对比强烈的现代抽象画与色彩淡雅的中式国画相搭配，就会出现混乱的视觉效果。

（2）谨慎选择效果强烈的画品

家居空间通常不适合选择色彩、造型形式对比太过于强烈的画品，这类画品在视觉上具有很强的视觉冲击效果，具有很强的吸引力，但是这类画品容易与室内配色孤立起来，色彩和家居空间的装饰效果不能很好地融合在一起。画品上要能够和家居空间有所呼应，画品的主色可以从家居空间中主要的家具中提取，而点缀的辅色可以从饰品中提取，确保画品与家居风格协调。

（3）画品选择考虑尺寸因素

画品在选择的过程中还需要结合画品与空间的尺寸因素，要能够结合房间特征和主体家具的大小来确定画品的尺寸，并不是一味追求过大的尺寸和过多的数量。在家居空间中，客厅、卧室可以做大型画品的装饰，例如客厅空间中，可选择高度在50~80cm的挂画，使沙发背景墙具有视觉中心，同时也不会占满整个墙面显得过于拥挤。

二、画品种类

1. 中式画品

中式画品，即国画，也称为中国画，是我国传统的造型艺术之一。家居空间中采用国画进行装饰，使家居空间具有古色古香的装饰之感。主要采用毛笔、软笔或手指作为工具，将国画颜色和墨在帛或宣纸等材质上进行绘画。中国传统的书画同源，在表达意境上，具有相似的特征，中式画品能够提升家居空间的文人意境。

（1）国画的分类

国画按照绘画内容有人物、山水、界画、花卉、瓜果、翎毛、走兽、虫鱼等绘画，绘画的题材丰富，技术手法多样；从大类上进行分类，将中国画分为人物、花鸟、山水三科，如表3-24所示。

表 3-24 国画分类（按内容分）

类别	人物	山水	花鸟
特征	人物画主要反映人类社会，即在画中展现人与人、人与社会间关系的塑造和表现人物的形和神;采用白描法、勾填法、泼墨法、勾染法等绘画技法	山水画，以展现自然景观为主，将人与自然环境结合在一起，展示山水、雨、阴、晴、雪、日、云、雾及春、夏、秋、冬、节气自然气候特征等	自然界中的生物，将花卉、花鸟、鱼虫等为描绘对象，展现出这些生物在自然界中的状态;采用的画法有工笔、写意、兼工带写三种
图片			

按照技法分类，可以分为有工笔、写意、设色、水墨等技法形式，其中设色又可分为金碧、大小青绿、没骨、泼彩、淡彩、浅绛等几种。每种技法在色彩、笔法和表现形式上又有所不同，如表3-25所示。

表 3-25 国画分类（按技法分）

类别	特征	图片	类别	特征	图片
工笔	又名“细笔”，以精谨细腻的表现方式描绘景物，画风工整细腻，形象精微入细，此种画法多用于人物、花鸟		水墨	由水和墨作画，利用墨色的焦、浓、重、淡、清来表现物象，有独到的艺术效果	

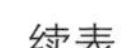

续表

类别	特征	图片	类别	特征	图片
写意	“粗笔”，用简练的笔法描绘景物，多画在宣纸上，画风简练、精炼概括，主要描绘景物神韵，也能抒发作者的感情		设色	即进行涂色的画品，多以山水画进行设色，着色也有浓、淡、干、湿之别，喜色彩对比强烈、水天留白	

按照装饰形式分有壁画、屏风、卷轴、册页、扇面等画幅形式，如表3-26所示。形式多样，有横、直、方、圆和扁形，也有大小、长短等分别，按照传统画品的装裱工艺进行装裱。在家居空间内以装裱后的画品为主，摆放位置也有所不同。

表 3-26 国画分类（按装饰形式分）

类别	特征	图片	类别	特征	图片
条幅	条幅可横可直，横者与匾额类似，可做书法和字画花鸟或山水，四幅为一组		卷轴	将字画装裱成条幅，下加圆木作轴，把字画卷在轴外，以便收藏	
小品	指体积较小的字画，可横可直，装裱之后，适宜悬挂较细墙壁或房间，十分精致		扇面	将折扇或圆扇的扇面上题字写画取来装裱	
镜框	将字画用木框或金属框装框，上压玻璃或胶片，就成为压镜		册页	将字画装订成册，多数情况下用于收藏，较少用于直接展示	
斗方	将小品装裱成一方尺左右的字画，成为斗方，可压镜，可平裱		屏风	有单幅或折幅，座立于地，作屏风之用	
长卷	将画裱成长轴一卷，成为长卷，多是横看，其画面连续不断				

（2）中式画品装裱

传统中式绘画讲求“三分画，七分裱装”，字画的装裱是成为书画作品至关重要的工序。装裱书画一方面可以保留墨色神韵，也使得画面有利于观赏和收藏。置于家居空间的书画，应以装裱后的画品进行陈设。在家居空间中以竖式画品进行装饰为主，可采用立轴、横幅、压境等装饰。

立轴，常用竖式装，即竖式构图为主，画品竖向装裱，悬挂观赏，如图3-140所示。画心是指书画家在宣纸上完成作品还没有进行任何装裱的原画。集锦装，两幅以上小型画心，同由一块镶料装饰，或镶接或挖联，通常进行集锦装的画品多为小品、扇面等小面积的画品，如图3-141所示。单独的小品或者字画想进行展示的时候也可以采用镜片（压镜）进行装饰，如图3-142所示，但镜片画框以简洁为主，不做雕刻等复杂装饰。

如果是内容关联的画品想进行展示，如梅、兰、竹、菊等尺寸相同、内容连贯的画品进行展示，则可以采用条屏装饰。条屏，条屏画心由一色画绫等镶料装饰，排挂在一起，如图3-143所示。其形制与立轴一样，只是多了几幅，一般为4条，也有6条、8条、12条。而如果画品展示的是连贯的书画内容，则采用通景屏的装饰形式，分别由一色花绫等镶料装饰并排挂在一起，如图3-144所示。

横披，用于横式构图的画品，这类画品画幅通常不会很大，进行装裱的过程中镶边、空白根据画幅的大小而定，但左右镶边和空白一般应宽于上下镶边、空白，如上下镶边、空白为一寸，则左右为五寸，横披不装轴杆，两侧均装楣条。

图 3-140 立轴

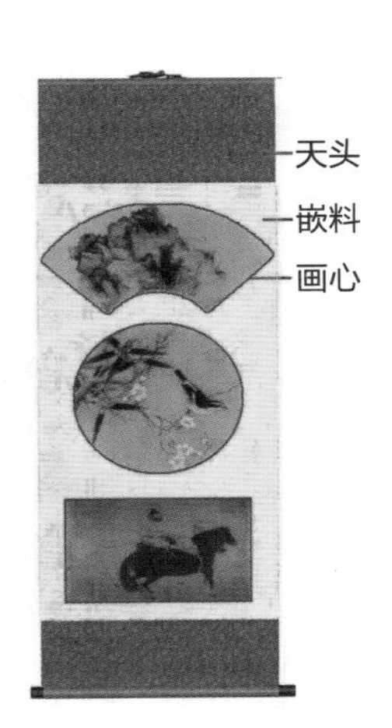

图3-141 集锦装

图 3-142 压镜装裱

图 3-143 条屏装裱

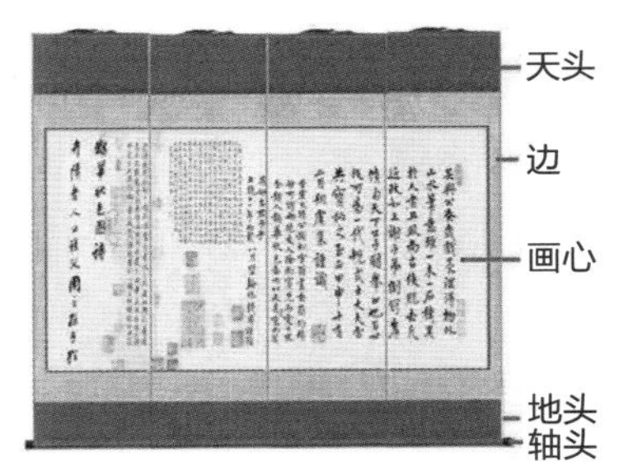

图 3-144 通景屏装裱

2. 西方画品

西方画品，即西方绘画，也称为西画，主要是以油画、水粉、版画、素描等绘画形式出现。与中式绘画讲求意境不同，西方绘画从科学的角度进行造型艺术，对绘画不是单纯的模仿，而是将透视学、解剖学和色彩学应用于绘画中，对所描绘的物体进行重点分析和抽象概括。在选择西方画品的过程中，除了对绘画形式和主题内容进行选择外，画品的画框、尺寸大小也是需要进行设计考量的。

（1）按照材料进行分类

西方绘画按照使用的材料主要可以分为素描、油画、水粉、版画和壁画。这些绘画形式在材质、色彩和表现效果上各有不同。

素描，是使用单一色彩在画面上进行绘画的一种形式，按照绘制原则来表现物体形态。采用铅笔、炭笔、钢笔等画笔进行绘制，用线条表现物象的敏感关系。与带色彩的绘画不同，素描通过线条来表现空间、环境、明暗、体积、结构和质感，如图3-145所示。

图 3-145 素描

油画，是以用快干性的植物油(亚麻仁油、罂粟油、核桃油等)调和颜料，在亚麻布、纸板或木板上进行制作的一个画种。油画以具有挥发性的松节油和干性的亚麻仁油等作为稀释剂，当稀释剂挥发后，颜料变硬干燥，并能长期保持光泽性，如图3-146所示。

图 3-146 油画

水彩和水粉，以水作为稀释剂、采用颜料进行绘画的画品。两种画品虽然均以水为媒介，但是在色彩的表现效果和颜料特性上各有不同。其中，水彩是透明颜料，色彩能够根据水分和颜料表现画面，色彩鲜艳度虽不如彩色墨水，但是着色深度较高，画面具有古雅质感，长期保存不易变色，如图3-147所示。水粉，又称为广告色，是不透明的水彩颜料，绘画过程中通过颜料较厚着色，水分具有很强的覆盖力，画面更具质感，如图3-148所示。

图 3-147 水彩画

版画，采用刀或化学药品等在木、石、麻胶、铜、锌等版面上雕刻或蚀刻后印刷出来的图画，通过制版和印刷程序而产生的画品，如图3-149所示。版画采用木板、铜板等进行制版，采用套色漏印的方式进行色彩装饰。与直接绘画在纸或布上不同，版画需要画、刻、印的过程，需要先经过画版、制版，再进行复制的过程，最终呈现的画面会有很强的雕刻和腐蚀质感。

壁画，即在墙壁上进行作画的形式，如图3-150所示。与其他画品不同，壁画作为建筑的一部分，不能与其他画品一样进行自由移动，壁画强调的是整个墙面的装饰效果。在现代家居空间中，可以在单独无遮挡的墙面进行壁画装饰，具有很强的装饰性。

（2）按照艺术流派进行分类

西方绘画历史悠久，在艺术表现形式上极具特色，随着绘画艺术的逐渐发展，产生了多种艺术派别，在技法和表现内涵上也各有特色。这些各具特色的风格画品置于家

图 3-148 水粉画

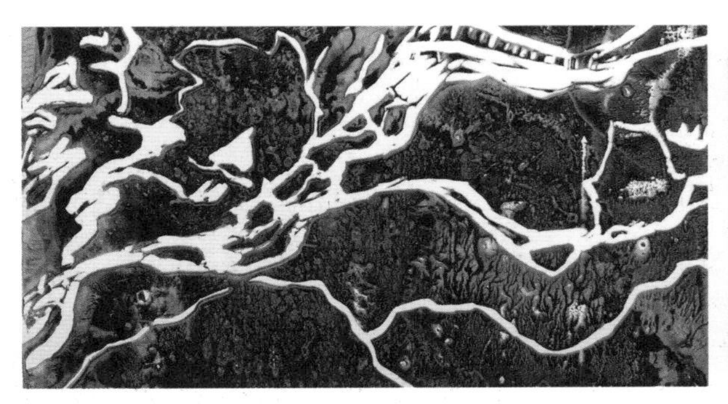
图 3-149 版画

图 3-150 壁画

居空间，具有装饰作用的同时，也能够表现出主人的生活品位和审美情趣。在众多画派中极具表现张力的画派，主要有印象画派、表现主义、抽象派、矫饰主义、立体派等。

印象画派，又称外光派，是19世纪70年代兴起于法国的画派，以巴比仲画派风景画为基础发展而来，画面中要求能够准确描绘对客观对象、处理光色关系一瞬间的印象为基础作画，色彩丰富，色调清晰明快。代表画家有莫奈、雷诺阿、毕沙罗等，如图3-151所示。

表现主义，是20世纪初流行于德国、法国、奥地利等地的文学艺术思潮，受其影响发展起来的画派。表现主义画派主要从主观唯心主义出发，强调对画品的自我感受和主观意象，对形体和色彩进行夸张表现，造型以扭曲、变化和对比强烈为特色，在表现主义中强调个性、情感色彩和个人的主观意识。代表画家挪威的蒙克、埃米尔·诺尔德、弗兰茨·马尔克。如图3-152所示，蒙克《呐喊》。

抽象派绘画是20世纪以来在欧美各国兴起的美术思潮和流派。抽象主义否定对具体物象的描写，以直觉和想象力进行创作，仅仅依靠造型和色彩进行组织画面，变现纯粹的形式，而不附加任何情感特色。抽象派分为以蒙德里安为代表的几何抽象派和以康定斯基为代表的抒情抽象派，如图3-153所示。

立体派，又称为立体主义，始于20世纪的法国。立体主义，是非常富有理念的艺术流派，在画面上追求几何形体及形体排列组合产生的美感。在立体派的画作中将三维空间的画面转化为二维空间，画面中的明暗、光线、空气、氛围表现等具有趣味性和情调。代表画家有巴伯罗·毕加索和布拉克等，如图3-154所示。

矫饰主义，也称为样式主义，绘画的过程中强调创作者内心的体验和个人思想的表现，不拘泥于传统原则，反对理性对于绘画进行指导。在矫饰主义的画作中，注重艺术创作的形式感，倾斜线条和曲线条被作为主要运用特点，绘画精细，表面具有华丽的装饰效果。如格列柯的《托莱多风景》，如图3-155所示。

图 3-151 莫奈《日出》

图 3-152 蒙克《呐喊》

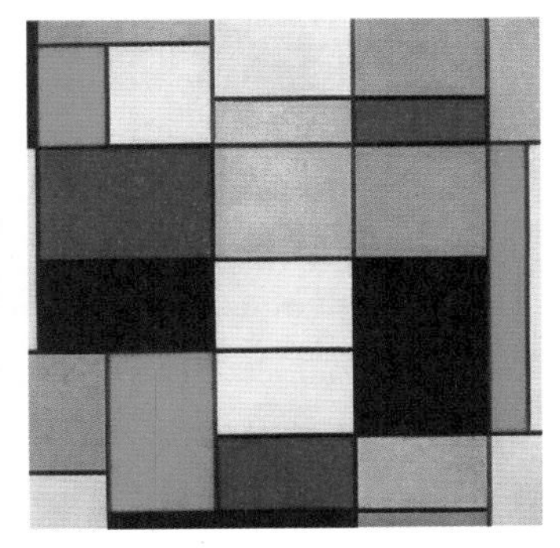
图 3-153 蒙德里安《红黄蓝》

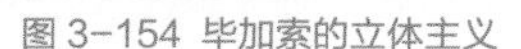

图 3-154 毕加索的立体主义

图 3-155 格列柯《托莱多风景》

（3）西方画品的装裱

西方画品在进行展示的过程中，和中式绘画一样需要对画品进行装裱，其中，油画框分为内框和外框。外框种类丰富，如图3-156所示，可简可繁。内框，用于绷钉布料，作为画油画的依托面的木条框子。绷钉了油画布的油画内框又叫“油画布框”。在画布外侧安装的画框为外框，主要用来装饰和保护完成好的油画作品。在家居空间中画品外框的选择则需要考虑有无外框，外框的装饰材料和外框的尺寸。根据装裱形式分为无框和有框两种，根据画品的内容和技法来选择装裱形式。

按照国际尺寸标准，一般油画框的内框有常用尺寸规格，油画画面的高宽比例沿袭传统习惯，分为人物、风景和海景三大类型。每类按尺寸大小又可从0号至120号或500号分为20余种。

外框按照材质进行分类有木材、PU等，根据外框的结构可以分为角花框、圆框、线条框和一次成型框；按照表面装饰，分为漆饰类、表面贴金银箔类、原木封蜡类等。画品外框主要结合画品的风格进行选择。

3. 现代装饰画品

现代装饰画品，指在家居空间中起装饰作用的画品，是集装饰功能与美学欣赏于一体的艺术品。不同于中式绘画、西方绘画，装饰画不以绘制的形式出现，而是采用摄影、手工拼接等方式进行装饰的画品。现代装饰画按照制作材质还可以分为金属画、金箔画、木质画、藤材编制画、布艺拼接画、镶嵌画等种类；而按照制作形式可以分为摄影作品、民俗画、手工画、织物画等。

图 3-156 油画框

（1）摄影作品

摄影作品，通过光线绘画的形式展现艺术的思想力度和美学表达的画品，它以摄影光学、摄影化学和电子技术为基础，将摄影作品作为画品，如图3-157所示。根据家庭整体空间风格效果，选择彩色或黑白的装饰效果。例如在现代风格的家居空间中采用黑白效果的风景画或者照片墙进行装饰，可以提升整个空间视觉装饰效果。

图 3-157 风景画

图 3-159 刺绣画

图 3-160 绸带绣画

图 3-158 民俗画

（2）民俗画

民俗画，也称为风俗画，是将传统的民俗活动展示在画作中，将民俗活动中人物、人情、衣冠服制、活动内容展现出来，体现劳动人民对生活的热爱和对艺术的创造。民俗画在表现形式上主要有风俗画、生肖画、年画，饱含新年吉祥喜庆之意。传统民间年画多用木版水印制作，如图3-158所示。

（3）织物画

织物画是采用棉线、丝线、毛线、细麻线等线材为原料，在纺织品上制作成色彩比较明亮的图画。织物画的种类丰富，有丝绸画、丝带绣、针织画、十字绣等，画面具有立体感，同时色彩鲜明、装饰效果强烈。丝绸画，以真丝为底材绘制而成的艺术绘画，画面细腻，能够表现出较为精细的画面效果，画品尽显奢华。丝带绣采用质感细腻的缎带，在棉麻布上绣出图案，具有立体感的绣品，色彩鲜艳。针织、十字绣等则依靠针线进行画品的制作。织物画的表现题材有人物活动、少数民族风情 、自然风光等，在家居空间中进行装饰能够形成独特的装饰效果，如图3-159和图3-160所示。

（4）手工画

手工画是指通过手工工艺制作的能够摆放在家居空间的装饰画，如木雕画、镶嵌画、金丝画、烙画、剪纸等手工艺的装饰画形式，如表3-27所示。这类画品在装饰和造型上各具特色，装饰在家居空间具有很强的个性。

表 3-27 装饰画类别

种类	特征	图片	种类	特征	图片
雕刻画	以木材、石材等材料进行雕刻的画品，根据雕刻工艺的不同有阴阳刻、浮雕、透雕等		钉线画	也称绕钉画，用大头钉定在木板上，由线绕在大头钉上形成的装饰画品，具有现代感	
镶嵌画	用有色石子、陶片、珐琅或有色玻璃小方块、螺钿、木材等，镶嵌而成的图画		铁艺画	以铁为线、锤为笔进行作画，又有强烈的艺术立体感，黑白分明，苍劲凝重，具有水墨画的特点	
金丝画	金属景泰蓝，起源于浙江，画中金黄色的金属线使整个画面显得高贵，精致的画面、复古的装裱具有奢华质感		烙画	烙画又称烫画、火笔画，将烙铁用火烧热在物体上熨出烙痕作画	
金箔画	以金、铜、铜箔为基材，以整板为底板，进行塑形、雕刻、漆艺着色，具有名贵、典雅、豪华质感		纸雕	以纸为原料进行刻、雕、粘等工序，结合绘画和雕塑工艺进行创作，具有浓厚的地方特色	

三、家居空间画品设计

在家居空间进行画品摆放设计过程中，要先选择好画品的风格、数量、尺寸以及在家居空间中的摆放位置。

（1）选择画品风格

确定好画品的装饰风格要能与家居空间相适应。例如在中式空间中，选择油画就要注意画品内容的表达，选择静物画或建筑画就会与空间格格不入，因此画品以中式的花鸟、山水等为宜。即便是在同一风格下的家居空间，也要结合空间特性来进行画品的选择。例如在客厅、餐厅等公共空间以欢乐和谐为主，选择画品可以以色彩鲜艳为主，如油画、工笔、写意等；卧室空间和书房空间则以静谧、私密为主，则可以选择色彩淡雅的水墨画或铁艺画等。

（2）确定画品色彩、尺寸和数量

画品色彩、色调的确定要保证能够与环境主色调协调搭配，通常大面积的画品在色彩的选择上避免浓艳且对比强烈的，以免造成家居空间色彩的混乱，同时也要避免画品用色与家居完全孤立，画品主色调可以家具为主，装饰色宜以家居空间装饰色为主。在数量和尺寸上要结合家居空间大小而定。画品的整体面积要能够居于背景墙面的视觉中心，在数量上如果是多幅画面出现则要确保画面间相互联系。

（3）设计画品摆放形式

确定画品的数量和尺寸后，需要设计画品的摆放位置和摆放形式，通常可以以挂画和摆画的形式进行摆放，如在沙发、床、单人椅、双人椅、柜类、长桌后的墙面和隔板处，也可以装饰独立的墙面，如玄关、走廊和楼梯间的墙面。

能够依照形式美原则中的对称与均衡、节奏与韵律、稳重等原则进行摆放，使家居空间和谐。如沙发背景墙上的挂画，以奇数的挂画进行摆放时则按照对称原则进行，而数量较多、规格不同的画品，在摆放的过程中，则按照均衡的原则进行摆放，使沙发上方的画品在视觉上左右相等。

任务实施

布置学习任务

通过本任务的学习，了解家居空间中重要的装饰产品画品的分类方式、画品的风格特性和装裱方式，以及在不同家居空间中如何选用画品。在家居软装设计过程中，能够结合空间特性，运用所学知识进行家居空间画品的搭配设计，对软装画品搭配方案进行评价。

1. 画品选择

根据家居空间概念方案，从业主概念定位方案出发，综合业主的生活方式、风格和色彩定位及家居空间的平面规划环节，从家居空间的风格、色彩元素进行归纳特点，进行家居空间画品选择，从画品的风格、材料、装裱、数量进行初选，制定配饰画品方案列表。

2. 画品产品方案

制作家居配饰初步方案，并制定画品介绍方案列表，如表3-28所示。

表 3-28 画品介绍方案

家居空间	产品	数量	品牌	主要材质	价格	图片	备注
玄关	现代画	……	……	……	……	……	简约木质画框
卧室	现代画	……	……	……	……	……	镀金画框

思考与练习

1. 简述画品的风格分类。
2. 简述中式画品的风格特征与装裱。
3. 简述西方画品的风格特征与装裱。
4. 了解家居软装设计中画品选择的基本原则。

巩固与拓展

1. 日式画品的风格特征。
2. 现代手工装饰画的特征。

任务六　家居软装产品配置——饰品与用品

任务目标

通过本任务的学习，了解家居空间中饰品与用品，了解两类产品的材质特性和在家居空间中的选用。在家居软装设计过程中，能够结合空间的功能和风格特性，选择软装饰品和用品，并能掌握两类产品在材料、种类、造型上的特性，能够运用所学知识进行家居空间饰品与用品的搭配设计，制作与汇报软装饰品与用品设计方案。

任务描述

通过学习本任务的知识储备部分内容，完成学习性工作任务——软装饰品与用品方案介绍。要求结合家居空间风格和其他软装产品特性，进行软装饰品的选择，能够结合家居空间的装饰特性，选择锦上添花的装饰品，并能够对客厅、卧室、玄关等家居空间选择满足功能需求的用品，制定家居软装饰品与用品方案，并进行介绍。

知识储备

在家居空间进行软装设计的过程中，除了需要家具、灯具、布艺、花品、画品外，还需要具有装饰性的饰品和具有一定使用功能的用品。而全部的软装产品置于家居空间中，在装饰风格、造型结构、色彩和材质上相互协调，共同构成温馨、舒适、适合居住的家居空间。

图 3-161 家居饰品（1）

一、饰品

饰品，即在家居空间中具有装饰效果的产品。饰品作为艺术品，造型独特，具有独特的材质质感和肌理，极具艺术表现力和装饰性。在家居空间中进行装饰，一方面可以使家居空间更具优美的环境氛围；另一方面，独特的饰品，特别是一些具有收藏价值的饰品和收藏品，也能够反映主人的审美情趣和生活品位，也是家居空间中以小见大，以“小”饰品来体现整体“大”空间的重要产品，如图3-161和图3-162所示。

图 3-162 家居饰品（2）

1. 饰品选择的原则

（1）饰品宜精制不宜过多

现代家居空间中饰品的选择，既是迎合业主的实际需

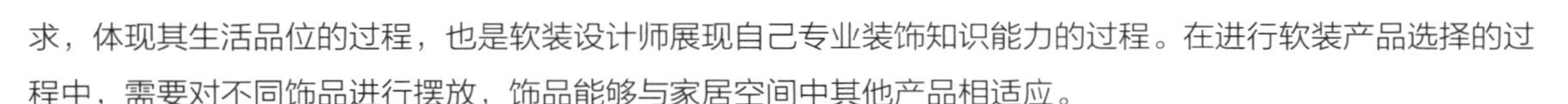

求，体现其生活品位的过程，也是软装设计师展现自己专业装饰知识能力的过程。在进行软装产品选择的过程中，需要对不同饰品进行摆放，饰品能够与家居空间中其他产品相适应。

（2）饰品要具有装饰效果

在家居空间选择饰品时，要选择具有装饰性的产品，即饰品在造型上能够具有独特的形式，在色彩上能够与家居空间相协调，在材质和肌理上具有明显的装饰效果。同时，饰品作为家居空间中可以移动的物品，具有轻便移动、灵巧搭配的特点，要考虑软装饰品不仅局限在一种空间内，要能够与多种空间的产品相搭配，起到装饰的效果。

（3）注重饰品的附加价值

现代家居空间中的饰品种类丰富、造型精美、材质多样，在选择的过程中，对于一些重点的装饰产品选择要考虑其附加价值，特别是一些传统的手工艺品，如陶瓷、金属、木质雕刻等作品，除了具有装饰效果之外，其本身还具有一定的增值空间。对于业主具有重要意义的物品也可以作为家居空间的饰品进行展示，如获奖作品、获奖经历等。

2. 饰品种类

（1）陶瓷

陶瓷是工艺品中历史最悠久的一类，可追溯至远古时期。而陶瓷在不同地区和不同民族之间，在材质和装饰形式上也各有特征。根据选择的原料不同分为陶器和瓷器两类，两者区别如表3-29所示。

表 3-29 陶器与瓷器的区别

	陶器	瓷器
使用原料	一般采用黏土或陶土成坯	由瓷石、高岭土、石英石等成坯
烧制温度	温度较瓷器低，一般在 800~1100℃	烧制温度较高，一般在 1200~1400℃
坚硬程度	陶器坯硬度较差，钢刀能够划出沟痕，敲击时声音沉闷，有“嗡”声	瓷器坯硬度较好，钢刀很难划出沟痕，敲击时声音清脆
表面质感	陶器表面粗糙，光滑性较差，通常呈黄褐色，可做彩绘和纹饰	瓷器表面釉质，光洁明亮，色彩种类丰富，青花、釉里红、彩釉等多种装饰
透明度	不透明，坯体即使较薄也不具备半透明	具有半透明特点，与坯体薄厚无关
产品图片		

①中国陶瓷：传统中国陶瓷享誉海内外，其中，宋代以“汝、官、哥、钧、定”五大名窑为代表，元代为青花瓷，明代为彩瓷，清代为景泰蓝，具体特征如表3-30所示。

表 3-30 名瓷特征

代	种类	特征	图片
宋	汝窑	具有冠绝古今之称，窑址在今河南省宝丰县清凉寺，宋时属汝州故称汝窑。釉色主要有天青、天蓝、淡粉、粉青、月白等，釉层薄而莹润，釉泡大而稀疏，有“寥若晨星”之称，釉面有细小的纹片，称为“蟹爪纹”	
	官窑	古代官府经营的瓷窑。瓷器为素面，既无华美的雕饰，又无艳彩涂绘，最多使用凹凸直棱和弦纹为饰。其胎色铁黑、釉色粉青，器形有常见的盘、碟、洗、各式瓶、炉样式等	
	哥窑	哥窑瓷，胎色有黑、深灰、浅灰及土黄多种，釉面采用失透的乳浊釉，釉色以灰青为主。常见器物有炉、瓶、碗、盘、洗等，均质地优良，做工精细	
	钧窑	河南省禹州市特产，钧瓷釉色是各种浓淡不一的蓝色乳光釉，有“入窑一色，出窑万彩”的艺术特点，具有荧光般幽雅的蓝色光泽，窑变釉为钧窑的艺术釉，变化最多，色彩最丰富，形态也最复杂	
	定窑	创烧于唐，极盛于北宋及金，终于元，以产白瓷著称，兼烧黑釉、酱釉和釉瓷，文献分别称其为“黑定”“紫定”和“绿定”；瓷质精良，色泽淡雅，纹饰秀美，构图丰满，具有层次感	
元	青花	白地青花瓷，常简称青花，始于唐宋，盛行于元，明清发展至顶峰。元代的景德镇，纹饰最大特点是构图丰满，层次多而不乱。元青花瓷造型独具特色，装饰上有白地青花、蓝地白花或青花线描为地几种风格	
	釉里红	工序与同时代的青花瓷大体相同，是以氧化铜做着色剂，于胎上绘画纹饰后，罩施透明釉，在高温还原焰气氛中烧成；因红色花纹在釉下，故称釉里红	
明	彩瓷	彩瓷瓷器在宋元基础上发展，色彩装饰种类繁多，出现釉下彩、釉上彩、斗彩、五彩及单色釉、杂色釉等，造型丰满浑厚，胎体厚重，釉面肥厚滋润，纹饰大多简练流畅，豪放生动，器足沙底	
清	景泰蓝	为皇室用瓷器中最具特色、最为精美的彩瓷器，珐琅器可分为掐丝珐琅、錾胎珐琅、画珐琅、透明珐琅等，从色彩搭配、纹饰布局到款识内容和样式，均模仿当时铜胎画珐琅的效果，造型精美，装饰精细	

图 3-163 瓷器底部

图 3-164 瓷器

图 3-165 瓷罐

图 3-166 皇家道尔顿瓷器底部

图 3-167 皇家道尔顿瓷器（1）

图 3-168 皇家道尔顿瓷器（2）

②西方陶瓷：与中国陶瓷不同，在西方国家陶瓷作为奢侈品的代名词，是上流社会生活中的必需品。中国瓷器虽然历史悠久，但现今高端奢侈品瓷器依旧以欧洲国家为主。西方瓷器在装饰上以西方装饰元素为主，如西方神话、西方圣经中装饰元素。麦森是拥有近300年历史的德国瓷器品牌，其生产的瓷器由于具有高雅设计、皇家气质并采用纯手工制作而闻名欧洲，享誉世界。麦森瓷器通常在白色底盘上有弧度优美的两把蓝剑交错，暗喻着至高无上的品位。麦森瓷器被欧洲人称为“白色金子”，贵为欧洲的第一名瓷，如图3-163至图3-165所示。皇家道尔顿创立于1815年，旗下还有皇家皇冠德比、明顿、皇家阿尔伯特三大品牌。皇家道尔顿的骨瓷中含有大约50%的牛骨粉末，在烧制上难度极高，但是瓷器的通透性会更好。皇家道尔顿为西方陶瓷中唯一致力于开发中式餐具的品牌，如图3-166至图3-168所示。雅致，为西班牙奢侈品中顶尖的瓷器品牌，由雅致家族的三兄弟创建，以全手工陶瓷制作在全球享有盛名。雅致瓷艺因受西班牙皇室的青睐，为皇室的首选瓷器，也成为诸多国际顶级博物馆的永久收藏。雅致瓷器作品以刻画细部见长，对蕾丝、阳伞和花卉等复杂造型能够进行逼真表现，沉静优雅的气质，略带凄美，如图3-169和图3-170所示。

图 3-169 瓷偶（1）

图 3-170 瓷偶（2）

图3-171 玻璃饰品

图 3-172 水晶饰品

（2）玻璃、水晶、琉璃

①玻璃：玻璃饰品即采用玻璃作为主要材料进行制作的工艺品。玻璃具有透亮、晶莹的特点，制作的产品灵巧、环保、实用。同时，玻璃具有鲜艳的气质特色，适用于室内陈列，可以制成多种装饰产品和生活用品。玻璃饰品如图3-171所示。

②水晶：水晶饰品即以天然水晶制作的工艺品。水晶作为宝石的一种，具有天然通透的质感，虽与玻璃相似，但在色彩、材质特性上更受人们喜爱。可以采用天然水晶原石与基座结合进行摆放，也可以将水晶加工成精美的工艺品，水晶饰品如图3-172所示。人造水晶，即在普通玻璃中加入24%的氧化铅得到的材料，这种材料的亮度、透明度与天然水晶非常类似。人造水晶在一些高端的品牌中，工艺会使用无铅技术，工序繁杂、高超，有的售价甚至比天然水晶还要昂贵。如摩瑟（MOSER）、施华洛世奇（SWAROVSKI）、巴卡拉（BACCARAT）、圣路易（Saint-Louis）、珂丝塔（KOSTA BODA）等。

③琉璃：琉璃工艺品，是以多种颜色的人造水晶为原料，采用水晶脱蜡铸造法高温烧成的艺术作品。琉璃制品由于对光的折射率高，因此晶莹剔透。琉璃品质晶莹剔透，光彩夺目，如图3-173所示。

（3）金属

金属饰品，采用金、银、铜、铁、锡等金属材料，或以金属材料为主，其他材料为辅经铸、锻、刻、镂、焊、嵌等工艺，加工制作而成的装饰品，如图3-174所示。采用的金属不同，在造型、材质和结构上也有所差异。造型可简洁，可烦琐，表面可做漆饰、金银装饰，可以塑造出厚重、雄浑、奢华、典雅、细致等风格。

（4）木质

木质饰品，以木材为主要原料制作的工艺品。木材作为重要的天然材料，被广

图 3-173 琉璃饰品

图 3-174 金属饰品

泛使用，为家居空间营造质朴、自然的装饰效果。在木质装饰品中，可以采用雕刻、镶嵌、漆饰、描金彩绘等进行装饰，其中，木质雕刻产品是极具装饰特性的木质饰品。木质雕刻饰品如表3-31所示。

表 3-31 木质雕刻饰品

	种类	材质	特征	图片
中国木雕	东阳木雕	多用椴木、白桃木、香樟木、银杏木等木材	以平面浮雕为主，有薄浮雕、浅浮雕等，层次丰富而又不失平面装饰，且色泽清淡	
	乐清黄杨木雕	以黄杨木做雕刻材料，木质光洁，纹理细腻，色彩庄重	木质坚韧，表面光洁，纹理细腻，硬度适中，色彩黄亮；精雕细刻磨光后能同象牙雕相媲美	
	潮州金漆木雕	多选用樟木，锯成块状风干后不易变形，耐虫蛀	内容有人物、动物、山水以及佛像等，并进行髹漆、贴金	
	福州龙眼木雕	龙眼木雕以圆雕为主，也有浮雕、镂透雕	造型生动稳重，布局合理，结构优美，准确的解剖原理，生动的夸张变形，浑圆细腻娴熟的刻画，人物形神兼备	
国外木雕	欧洲木雕	采用椴木、橡木、桃花芯木进行雕刻	欧洲木雕以雕塑为基础，进行人物、动物等场景的刻画，极具社会生活和审美情趣，擅长圆雕、浮雕和高浮雕等	
	非洲木雕	既使用软木，又使用硬木，硬木有铁木、红木和乌木	表面粗糙，并被涂上白、黑、红褐三种颜色，人物雕像一根木料为主雕制，具有灵巧感、重量感或轻盈感	
	东南亚木雕	以柚木、橡木、花梨等木材为主	雕刻题材来源于佛教中的莲花、佛头等造型，也有大象、孔雀等	

（5）树脂

树脂饰品即以树脂为主要原料，通过模具浇注成型、注塑等方式，制成各种造型美观、形象逼真的装饰品，具有仿真效果，可制成花、鸟、人物、石材等。树脂材料可以仿制铜、金、银等金属材质，也可仿制水晶、玛瑙、大理石等材料。

除了上述材质的装饰品，家居空间的饰品种类还有很多。在其他材质的饰品中，选择的时候要考虑材质表面的色彩装饰图案和肌理效果，例如石材饰品、布艺饰品、纸质饰品等。每种材料又有自己的特征，要结合空间特征进行选择。

二、用品

用品，即在家居空间中具有一定使用功能的产品，这类产品既要有用，也需要具有一定的装饰性。用品可以分为两类：电器类和生活用品类。电器类，选择时主要参考空间功能需求、空间尺寸和电器造型，在软装设计中不作为重点对象，而是以生活用品为主进行选择。生活用品类，选择时以实用性为主，考虑造型和材质。生活用品的材质与饰品材质相同，即用于制作饰品的材质同样可以用于制作生活用品。

1. 用品选择的原则

（1）兼具功能性和装饰性

在选择用品的过程中，首先考虑使用功能，钟表、镜子、烟灰缸等物品都要具有使用功能。有些物品还是家居空间的必备品，如果盘、水杯、垃圾桶等。在家居空间中，选用这些产品时要考虑产品的装饰性和实用性，以产品的使用功能作为主要参考因素。餐具选择示例如图3-175和图3-176所示。

图 3-175 成套餐具

图 3-176 简约餐具

（2）按空间进行用品的选择

选择用具可以按照家居空间进行分类，餐厅以餐具类、酒具类为主，客厅以饮具为主，书房以文具类为主。用品在选择的过程中要结合家居空间中人类的活动进行，以免造成不必要的物品过多，摆放以后造成家居空间杂乱。

（3）按功能空间选择成套产品

家居产品在选择过程中，要确保合理，符合生活习惯。而在产品搭配的过程中，可选择成套产品，如图3-175所示，避免出现色彩、材质和造型上的不和谐。例如在餐厅空间中，餐桌上的餐具造型避免过多，使餐桌桌面过于混乱。

2. 用品种类

（1）餐具

根据东西方餐饮文化和习惯的不同，餐具有所差异。中式餐具以筷为主，有碗、筷、盘、碟、勺、匙等；中式餐具的材质上以陶瓷、木质为主。西方餐具以刀叉为主，还有大盘子、小盘子、浅碟、深碟、叉子（沙拉叉和叉肉叉）、汤匙（喝汤用、吃甜点）等。盘、碟以陶瓷、玻璃等

图 3-177 中式餐具

图 3-178 西式餐具

图 3-179 中式茶具

图 3-180 西式茶具

图 3-181 中式酒具

图 3-182 西式酒具

图 3-183 卫浴用品

材质为主。结合业主家居生活的习惯进行选择，比较注重西方饮食习惯的可选择西式餐具，而具有中式饮食习惯的采用中式餐具，碗、盘、筷子等为主，如图3-177和图3-178所示。

（2）饮具

饮具主要用于盛放饮品的用具，如杯子、壶等。而在家居空间中能够出现成套的产品，有茶具、咖啡器具和酒具等。茶具，无论是中式茶具还是西式茶具，一般都成套出现，如图3-179和图3-180所示。

东西方饮酒文化有所差异，酒具也有差别，如图3-181和图3-182所示。现代中国家居生活中，中式酒具包括酒杯、酒盅、酒壶和托盘。而在西方，根据饮酒的不同而选择不同形制的杯具，主要分为葡萄酒杯、白兰地杯、威士忌杯、啤酒杯、烈酒杯、香槟杯等，其中葡萄酒杯又可以分为白葡萄酒杯和红葡萄酒杯。

（3）卫浴用品

卫生间和浴室空间内的软装产品以盛放洗浴用品为主，如漱口杯、香皂盒、液体瓶、棉签盒以及香薰用品等，如图3-183所示。

（4）储藏用品

储藏用品即在家居空间中用于盛放食物、用品等的盒、罐、箱、托盘、篮筐等，体积不大，主要用于收纳使用，如图3-184所示首饰盒。

图 3-184 首饰盒

图 3-185 软装饰品摆放

三、饰品与用品的综合选择

（1）根据家居空间位置选择

饰品和用品在家居空间中摆放的位置，结合水平方向、竖直方向以及自由方向进行装饰。托盘、杯垫、餐垫等是在水平方向上装饰室内空间，属于水平方向进行摆放和装饰；而花瓶、柱形饰品、酒瓶、金属铁塔等是在竖直方向上进行装饰，属于竖直装饰；人物、动物与植物等具象的摆件、球体等几何形体的摆件则属于自由方向装饰。

（2）根据环境格调选择

软装饰品和用品种类多、体积小，在家居空间中视觉上起到点缀装饰作用。结合家居空间的格调，选择可以突出空间特性的产品。例如在西方风格的家居空间中，可以选择中式或日式等带有浓郁的东方装饰色彩的产品来表示个性化的空间，如雕刻摆件、瓷器等。软装饰品摆放如图3-185所示。

（3）根据空间功能选择

饰品和用品要能够结合空间的功能需求进行选择，需要根据人在空间的基本活动进行设计。例如业主有品红酒的习惯，在客厅中可以设计相应的酒柜，在用品上可以选择红酒杯、醒酒器、酒架和托盘等酒具进行点缀装饰；但若将中式的酒壶和酒盅置于客厅空间，就会显得格格不入。同时还需要选择体积大小合适的装饰产品，例如若家居空间入口玄关处摆放高大的雕刻摆件，则使原本小面积的玄关更加局促，影响家居装饰效果。

任务实施

布置学习任务

通过本任务的学习，了解家居空间中重要的装饰产品——饰品与用品的分类方式及产品特征。在家居软装设计过程中，能够结合空间特性，运用所学知识进行软装产品的选择，并对搭配方案进行评价。

饰品和用品选择

根据家居空间概念方案，从业主概念定位方案出发，综合业主的生活方式、风格和色彩定位及家居空间的平面规划，从家居空间的风格、色彩元素进行归纳，进行家居空间装饰品与生活用品的选择，从饰品与用品的风格、材料、数量进行初选，制定配饰方案列表。制作家居配饰初步方案，并制定饰品和用品介绍方案列表，如表3-32所示。

表 3-32 饰品和用品介绍方案

	家居空间	产品	数量	品牌	主要材质	价格	图片	备注
饰品	玄关	石材摆件	1	……	……	……	……	……
	卧室	金属	1	……	……	……	……	……
用品	餐厅	石材摆件	1	……	……	……	……	……
		金属铁塔	1	……	……	……	……	……

思考与练习

1. 简述饰品和用品的材质和风格、产品分类。
2. 简述家居空间中饰品和用品的选择方法。
3. 简述西方饰品和用品的风格特征。
4. 了解家居软装设计中饰品与用品选择的基本原则。

巩固与拓展

1. 收集国内外餐具品牌，选择其一介绍产品特征。
2. 收集木质雕刻、瓷器和画品等收藏品的产品特性、价格和收藏。

项目四

家居软装空间摆放设计

知识目标

1 了解软装产品摆放的基本步骤、基本原则、注意事项。
2 了解卧室空间软装产品的摆放方法；卧室空间内床品、床头柜、床尾凳等软装产品的摆放。
3 了解客厅空间软装产品的摆放方法；客厅空间内沙发、茶几等软装产品的摆放。
4 了解餐厅空间软装产品的摆放方法；餐厅空间内餐桌、酒柜等软装产品的摆放。

技能目标

1 能够制定家居软装产品设计方案，分析和阐述家居软装方案。
2 能够运用家居产品摆放原则对家居产品进行摆放。
3 能够完成卧室空间、客厅空间、餐厅空间的产品摆放。

任务一　卧室空间摆放设计

任务目标

通过本任务的学习，了解家居空间中产品摆放的相关知识，软装产品摆放的基本原则和注意事项，完成家居卧室空间的摆场工作。使家居软装设计人员能够具有软装产品搭配设计和摆放的能力，能够运用所学知识对软装摆放方案进行评价。

任务描述

通过学习本任务的知识储备部分内容，完成学习性工作任务——卧室空间产品摆放。能够了解卧室空间软装产品的摆放方法；卧室空间内床、床头柜、床尾凳等软装产品的摆放。

知识储备

一、软装产品摆放基础知识

1. 软装产品摆放步骤

家居软装产品在摆放之前要进行复尺，即确定好空间尺寸和家具等基本尺寸，然后运输到家居空间后，将家居空间界面保护，将鞋套、纸皮等提前准备好，再进行产品摆放。基本步骤从大到小，从小到“细”，从整体—局部—整体。

（1）从大到小，从小到“细”

先摆放好家具等大体积的产品，再摆放灯饰、窗帘、地毯、挂画，最后摆放床品、靠枕、饰品、花艺等小件装饰产品。在摆放的过程中要注意产品细节的调整，使产品的位置和谐，能够按照美学原则进行摆放。

（2）整体—局部—整体

家居软装产品摆放的过程中，要保证产品具有整体性。先确定好某一空间内产品的造型风格、产品种类和数量，再进行局部空间内摆放的产品，摆放后确保整个空间内产品协调统一，如图4-1所示，客厅空间确定好风格后再进行产品的摆放搭配。

图4-1　客厅空间整体摆放

2. 软装产品摆放原则

（1）摆设的产品要有视觉中心

在家居空间一定的视觉范围内，要使产品摆放能够形成一个视觉中心点，其他软装产品按照这个点来进行布置。例如，方形的茶几上可以摆放一个花瓶，一方面可以让单调的矩形增加视觉效果，另一方面可以在茶几面上形成一个视觉中心，通过放花瓶形成视觉焦点，使空间层次感增强。

（2）陈设过程能够遵循美学原则

在产品摆放的过程中，能够遵循美学原则，进行软装产品的摆放，能够按照对称、节奏、韵律感、平衡、稳定等美学原则进行产品布置，给人以空间的和谐之感。例如，在玄关柜上的产品，要能够空间间距上适当，高低、疏密有序摆放，避免凌乱和繁杂。

（3）软装产品搭配与室内风格统一

各种软装配饰的材质、款式、色彩要能够与家居空间的风格基调相统一。例如，在现代简约风格的家居空间中，所选软装产品也以现代简约风格为主，使整体风格干净整洁；而儒雅、质朴的中式风格，在选择画品时则可以选择水墨国画，使家居空间和谐。

3. 软装产品摆放注意事项

（1）产品摆放过程中不得破坏硬装效果

在产品摆放的过程中要注意避免破坏家居空间各个界面的装饰效果，搬动软装产品也要轻拿轻放，避免磕碰和损坏，避免划伤地面、墙面、门窗等，要确保家居空间硬装界面有所保护。

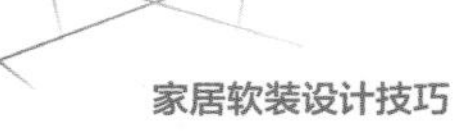

图 4-2 大件家具避免移动

图 4-3 挂画避免移动

图 4-4 抱枕名称

（2）大件产品尽量一步到位，不宜随便改动

对于体积较大的家居产品摆放过程中要尽量做到一步到位，避免其他产品摆放完成后再进行移动。例如，定制家具、成品床和沙发等家具，难以移动或者移动比较费时、费事，如图4-2所示，确定后尽量避免移动。特别注意画品、灯具等移动后也会造成硬装界面的破坏，如挂画确定后避免移动，如图4-3所示，防止移动后会在墙面形成钉孔等。

（3）布艺产品注意产品的使用状态

产品布置完后要确保使用状态完好。如灯具开关是否正常、窗帘可否自如拉动，花品、饰品等摆放是否稳固，是否影响家具产品的使用，床品布艺要能够折叠整齐，窗帘收起后注意防尘，抱枕摆放状态得当。

二、卧室空间软装产品摆放

1. 卧室床品摆放

卧室床品摆放需要准备床和布艺产品，布艺包括床单、抱枕、搭毯。为使床品舒适，可选枕类包括欧枕、靠枕、睡枕、腰枕，如图4-4所示。

具体来看各产品主要功能如下：

国王床，它的英文表达是kingbed，尺寸1.9～2.0m，通常放在主卧。

欧枕，形体方方正正，英文表达为euro pillows，大号60cm，称为大欧枕，色彩非常朴素，单一，常做背景来用。小号欧枕称为标准欧枕，一般为40cm，主要用于装饰，色彩或装饰图案明艳。

靠枕，尺寸也比较大，在我们进行阅读的时候提供倚靠用。

睡枕，英文表达sleep pillows，睡觉的枕头，它的核心功能是睡觉用。

腰枕，这个枕头有长也有短。功能是在靠的时候，用它来缓解腰部悬空而带来的不适，但是在我们摆场的过程中，它是一个非常吸引眼球的枕头，主要起到重点的作用。

搭毯，在软装产品摆放中起到非常重要的作用，会让原本单调的白色床品富有生机。选择时要考虑两点：一是颜色，要与视觉中心的装饰枕呼应，一般采用同类色搭配的方法，要与整个空间的调性协调，例如，想做对比较强烈时尚的，还是自然朴素的，搭毯的颜色会将整体空间生化；二是材质，根据整体空间的调性来选择，羊毛和皮毛会给人带来不同的感觉，适合不同的空间。

主卧床摆放方式的流程和方法：首先是把床罩前后固定并拉平，表面摆放整齐，然后将床头位置的被罩外翻并拉平固定在床垫里面。此时，被罩的里和面形成颜色的反差和不同的肌理感，同时也丰富了整体空间的层次，具体做法如表4-1所示，产品成果如图4-5所示。

表 4-1 主卧床品摆放做法

序号	步骤	具体做法
1	欧枕与靠枕	为了体现气势感，利用欧枕和床面、床靠进行搭配，因为国王床比较大，所以选择用 2 ~ 3 个欧枕把整个床的宽度拉开，摆放时不要做太多的变化，力求表面比较平整、两边对称即可
2	睡枕	颜色选择时要和床背色彩形成一种层次感，并与周围环境呼应，摆放时要考虑左右距离尺寸均等
3	睡枕	同样是与大欧枕色彩一样的睡枕，摆放时不要完全盖住上一层，放眼看去要有一层一层的层次感
4	重点抱枕	摆放凸显空间视觉焦点的一个腰枕或者两个标准欧枕，选择的时候为考虑吸引眼球，一般用颜色比较跳的色彩，形成了 3-2-2-2（3 个靠枕—2 个睡枕—2 个抱枕—2 个重点抱枕）或者 3-2-2-1（3 个靠枕—2 个睡枕—2 个抱枕—1 个重点抱枕）的组合
5	搭毯	选择符合空间调性色彩和材质的搭毯，平铺在床尾处，将两边折进去并规则拉平，两边预留同等的长短
6	清理	完成床品摆放后，清场整理

图 4-5 主卧床品摆放

图 4-6 次卧床品摆放

次卧床相对会小一点，大约1.8m，摆放时突出产品层次感即可，如图4-6所示。具体步骤如表4-2所示。

表 4-2 次卧床品摆放做法

序号	步骤	具体做法
1	睡枕	四个睡枕来固定，两两叠加平面摆放，摆放时要检查和床靠之间的距离是不是均等
2	欧枕	用两个欧枕（主卧与次卧欧枕摆法的区别）
3	重点枕	选择一个比较长的圆柱形的腰枕或者两个小一点的装饰枕来形成视觉中心
4	搭毯	选择符合空间调性色彩和材质的搭毯，平铺在床尾处，将两边规则拉平，两边预留同等的长短
5	清理	完成床品摆放后，清场整理

步骤2中按照主卧床摆放方式的摆法，第一层两个大欧枕，第二层两个睡枕，如果平时生活中两层即可，如果想要更厚重、更饱满可以加上第三层，摆放睡枕和装饰枕。最后加上视觉中心的装饰枕，可以严谨摆放也可随意一丢，如图4-7所示。平时生活中简单一点也可平铺两个睡枕加一个装饰枕（腰枕或者标准欧枕），如图4-8所示。

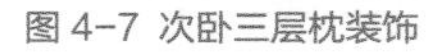

图 4-7 次卧三层枕装饰

图 4-8 次卧两层枕装饰

2. 床头柜

摆放前考虑两个问题：第一，床头柜高度选择要和床垫的高度保持一致。如果床头柜太高，就有可能在拿东西的时候无意中有磕碰，不符合生活方式。第二，灯的高度选择，在台灯打开之后，光线照在人靠在床上时的眼睛以下。光线照的是我们手里拿着的书，而不是人，摆放床头柜时，先确定台灯，再进行其他饰品的摆放，步骤如表4-3所示。

表 4-3 床头柜摆放做法

序号	步骤	做法	图片
1	摆放台灯	因台灯是床头柜摆放中最高的饰品，确定之后才能选择第二高度的饰品	
2	形状和色彩突破搭配	可选用不同形状搭配饰品，台灯是垂直的饰品，尽量选择方正一点的饰品搭配；在色彩上，选择饰品与原有色调打破，但要在统一调性之中	摆放形式
3	选择水平饰品（装饰盒）	将空间形成一个“1+2+3”的形态，垂直、方正、水平方向上均有装饰	
4	点缀	选择装饰性植物饰品来点缀，会使整个空间有生命的气息，给生活中增添一抹情调，植物的颜色与材质要与整个空间调性统一	摆放成果

3. 床尾凳

床尾凳是大多数卧室空间都会搭配的一个家具，多在卖场和样板间做展示。床尾凳的陈列形式会提升整体空间的格调。将床尾凳平均分成三等份、三个区域。将前两个区域做软装陈列，摆放形式如图4-9所示，最终成品如图4-10所示。

第一区域选择具有浓郁文化气息的书籍。营造阅读的生活方式，使人得到精神的享受。

第二区域选择酒瓶及酒杯呈现吃的生活方式。给人以物质的享受，用托盘将酒瓶和酒杯陈列，再加上植物花卉与不规则装饰性的饰品来点缀，增添生活气息与提升格调。

第三区域搭毯的摆放，散落在床尾与床尾凳上面，让床与床尾凳有连接，再加上同调性的布艺抱枕，提升格调。

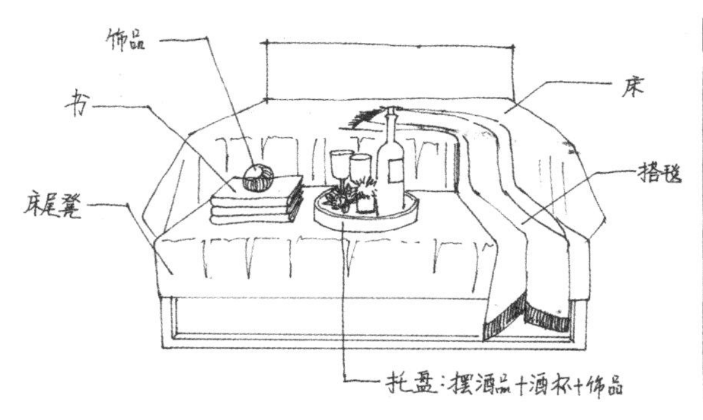

图 4-9 摆放形式

图 4-10 摆放成品

任务实施

布置学习任务

通过本任务的学习，了解家居空间中产品的摆放原则，摆放床上抱枕、床头柜和床尾凳。对卧室空间进行摆放。

思考与练习

1. 家居空间摆放原则与步骤。
2. 卧室空间产品摆放。

巩固与拓展

1. 对卧室空间的窗帘和地毯进行摆放。
2. 结合家居空间风格，选择装饰画品和饰品进行装饰。

任务二　客厅空间摆放设计

任务目标

通过本任务的学习，了解家居空间中摆放的相关知识，了解软装产品摆放的基本原则和注意事项，完成家居卧室空间的摆场工作。家居软装设计人员能够具有软装产品搭配设计和摆放的能力，能够运用所学知识对软装摆放方案进行评价。

任务描述

通过学习本任务的知识储备部分内容，完成学习性工作任务——客厅空间产品摆放。能够了解客厅空间软装产品的摆放方法；客厅空间内沙发、茶几、挂画等软装产品的摆放。

知识储备

一、客厅沙发陈列摆放

沙发是客厅整体空间的重要角色，是不可缺少的一部分，要根据客厅风格去选择，但不同的客厅沙发摆放也有不同的布局要点。

沙发从形状上分单人沙发、双人沙发、长形沙发以及曲尺形沙发、圆形沙发等。在材料方面，又分皮质沙发、布艺沙发、藤质沙发以及传统的酸枝椅等。

沙发的布局可以归纳为三种最常见的形式：平行布局（一字形）、L形布局、围合布局（U形）。

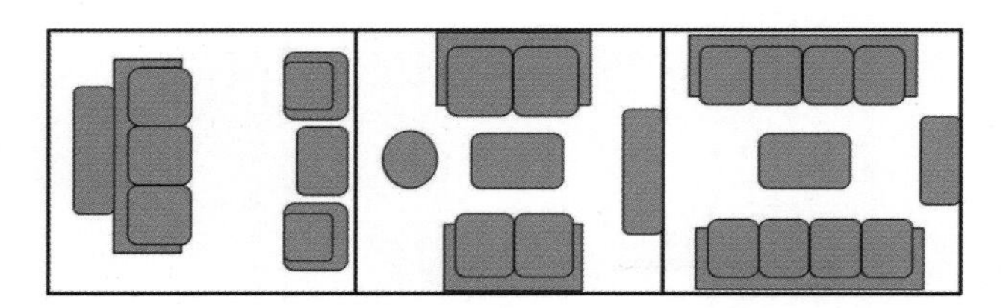

图4-11 平行布局

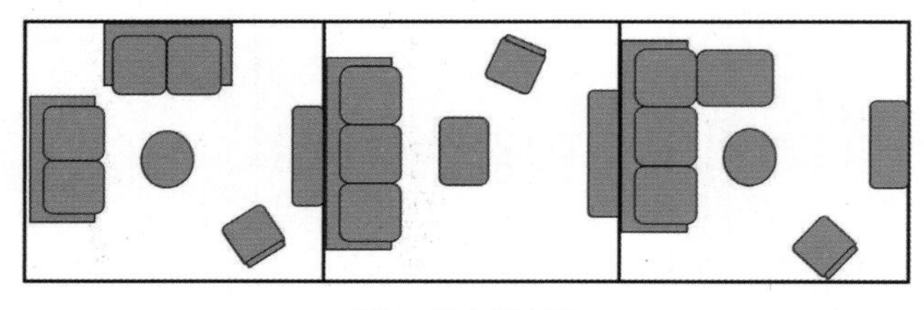

图4-12 L形布局

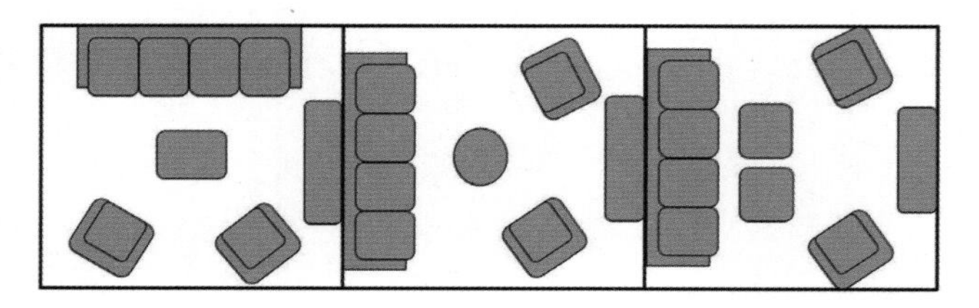

图4-13 U形布局

1. 平行布局

平行布局方式适用于小型空间，给人井然有序之感。平行布局有利于和家人、朋友保持面对面的交流和沟通，能够放松身心。选择平行布局，两组沙发对放时，注意沙发与茶几间尺寸的问题。入座后，要保证其他人能正常通行，间距应在760～910mm；沙发对坐时，交往空间在2130～2840mm为宜。具体布置如图4-11所示。

2. L形布局

L形转角式沙发的布局形式多变，适合较为时尚的家居设计，空间能够得到充分利用。通常由多个或单个沙发组合成的“转角式”，可根据需要变换布局，具有可移动、变更的特点。L形布局适合家人间的交流，主位采用沙发，偏位采用沙发、零散的圆凳、单人沙发做灵活补充。也可以在主位的沙发直接采用L形沙发进行布置，适合较大的客厅空间，如图4-12所示L形布局。

3. U形布局

U形布局又称为围合布局，这种布局摆放的沙发适合较大的空间。U形布局能够在大的空间内将人组织在一起，能够依靠家居形成软性家居空间分割的作用，适合家居人口较多的情况，具有良好的私密性，能够使大家围坐在一起，氛围更为融洽，使客厅更具聚心力。布局上可以采用四人位沙发、单人座椅结合，茶几与电视柜形成U形的形式，也可以通过扶手椅、躺椅、矮边柜等自由组合在一起，形成更富层次变化的空间效果。摆放形式如图4-13所示。

二、客厅茶几陈列摆放

茶几在摆放过程中并不是单纯的摆放家具，而是要能够对茶几上的饰品进行选择与搭配，通常摆放茶具、装饰物、绿植等。茶几的款式以及材质的选择以与沙发配套为宜。饰品的选择如表4-4所示，摆放形式如图4-14所示，成品效果如图4-15所示。

表 4-4 茶几摆放步骤

序号	步骤	做法
1	托盘	平面的装饰，在茶几面上占有一定的空间，茶几上的物品可以归类放置于托盘之中而不是随意摆放，比如杂志、书籍和遥控器
2	高物	高的、有线条感的物品，丰富视觉层次，中和直线的视感，并在茶几上营造不同高度的视觉效果，最好放上类似托碗、花瓶、烛台或者瓮一样有一定高度并带有曲线感的物品，美的托盘或碗对任何一张茶几都适用
3	植物	新鲜的绿色植物或花，营造大自然感，要擅于利用材质和颜色，加入新鲜的、绿色的东西，可以是花卉、植物，甚至是青苔
4	书籍	书做装饰，也可以应用在其他家居空间，传达着房屋主人的个性，也可以呈现不同的颜色和高度；书以精装书、彩色杂志等为主，反映喜好；除了书的主题，书的颜色也应该同室内其他装饰颜色相呼应
5	个性产品	茶几上放一件有趣的雕塑类或者古怪的装饰品，也能够反映业主的个性和喜好，这不仅为茶几带来趣味，同时也是聊天的切入点

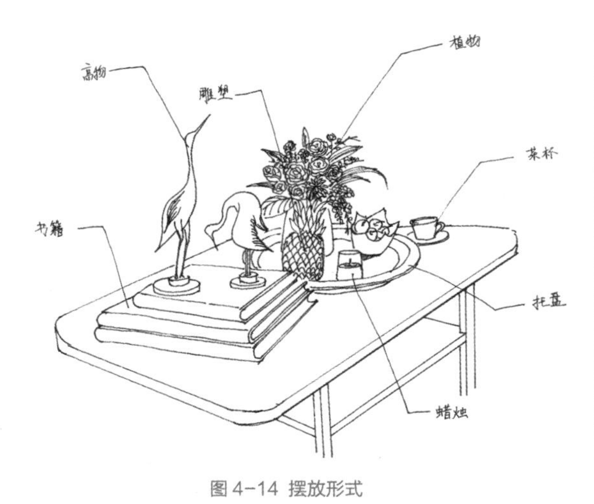

图 4-14 摆放形式

图 4-15 摆放成品

三、挂画摆放

1. 挂画的流程

（1）准备安装工具

准备的工具包括手套、卷尺、钉子、铅笔和水平仪，如图4-16所示。手套是为了保护墙面；卷尺是为了在挂画的时候可以面对面看到安装高度和间距，进行一个测量；不同的墙面使用不同的钉子；铅笔是挂画时对位置进行标记用；水平仪可以水平来测量画的位置是否与墙面平行。

（2）分析墙面材料

瓷砖材质，建议使用泡沫的双面胶、膨胀螺丝来进行安装；水泥墙体，可以使用钢钉；普通墙体，使用无痕钉，可以用锤子直接打进墙面，这样对于墙面和画都有保护。不同材料墙面分析如图4-17所示。

（3）确定画品摆放形式

明尺来量出墙面高度、画品间距、挂画的宽度，需要考虑位置是否恰当，还需要与场景中的家具相呼应。根据情况来进行调整，选择画的宽度要根据墙面或者家具的长度而定，通常为主体家具的三分之二，如图4-18所示。

2. 挂画的陈列摆放

装饰画常见的挂画技巧有对称挂法、重复挂法、对角线挂法，均衡挂法和中线挂法。

（1）对称挂法

图片的选择以同一色调或者同一系列的图片效果最佳，挂画形式如图4-19所示，摆放成品如图4-20所示。

（2）重复挂法

重复同一个尺寸的装饰画，画间距最

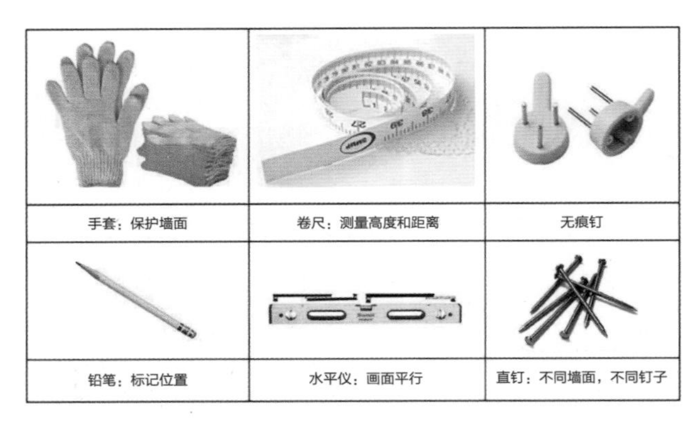

图 4-16 挂画工具

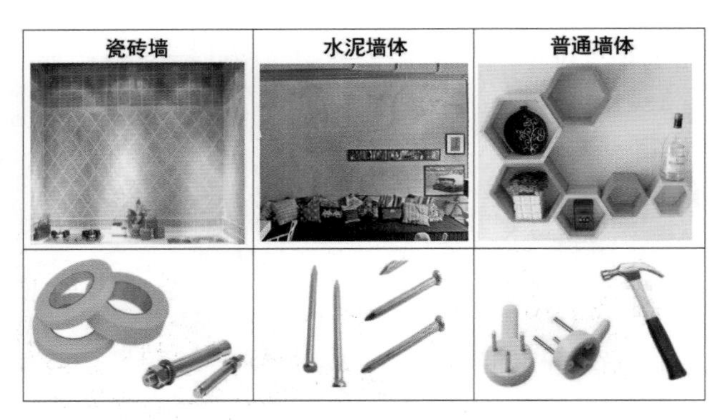

图 4-17 分析墙面

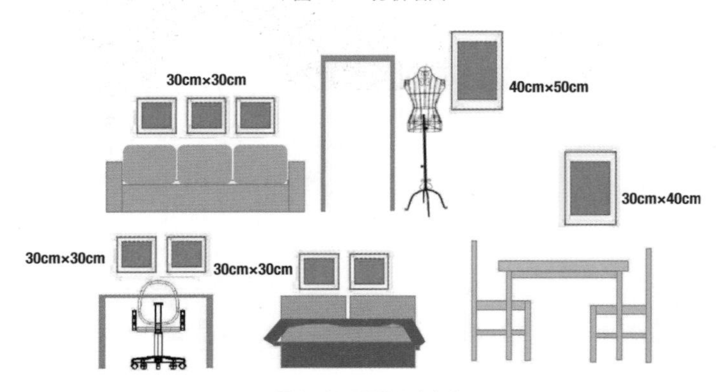

图 4-18 画面尺寸确定

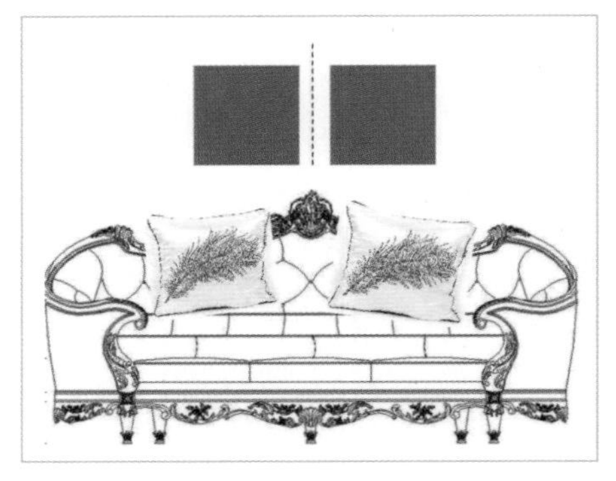

图 4-19 摆放形式

图 4-20 摆放成品

图 4-21 摆放形式

图 4-23 摆放形式

图 4-25 摆放形式

图 4-22 摆放成品

图 4-24 摆放成品

图 4-26 摆放成品

好不要超过画的四分之一，这样具有整体性和装饰性，而且显得不分散。重复挂画具有较强的视觉效果和视觉冲击力，但是不太适合房高较低的房间，会显得空间很局促。重复挂法摆放形式如图4-21所示，摆放成品如图4-22所示。

（3）对角线挂法

要把握好颜色，所有的颜色都是来自周围环境，整体感觉很随意，也很协调。对角线挂法主要是沿着45°进行一个斜切，两个角一定要对称，一致，这样才不会导致画面凌乱。摆放形式如图4-23所示，摆放成品如图4-24所示。

（4）均衡挂法

要均衡分布，在选择图片的时候建议同一色调或者是同一系列的内容，才能使整个画面和谐。摆放形式如图4-25所示，摆放成品如图4-26所示。

（5）中线挂法

上下两排装饰画集中在一条水平线上，这样可以上下分布来均衡调节，整体感灵动性很强，又有一定的规则性。如果照片色调一致，可以在画框颜色的选择上有一定的变化。摆放形式如图4-27所示，摆放成品如图4-28所示。

图 4-27 摆放形式

图 4-28 摆放成品

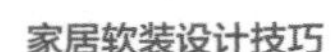

任务实施

布置学习任务

通过本任务的学习，了解家居空间中产品的摆放原则，摆放客厅产品沙发、茶几及画品，并对摆放方案进行介绍。

思考与练习

1. 简述客厅产品沙发的基本摆放形式、茶几的摆放方法。
2. 简述家居空间中画品摆放的基本步骤与方法。

巩固与拓展

1. 中式风格客厅软装产品选择与摆放。
2. 现代风格客厅软装产品选择与摆放。

任务三　餐厅空间摆放设计

任务目标

通过本任务的学习，了解家居空间摆放的相关知识，了解软装产品摆放的基本原则和注意事项，完成家居空间的摆场工作。家居软装设计人员能够具有软装产品搭配设计和摆放的能力，能够运用所学知识对软装摆放方案进行评价。

任务描述

通过学习本任务的知识储备部分内容，完成学习性工作任务——餐厅空间产品摆放。要求能够对餐厅空间的餐具及餐边柜等软装饰品进行摆放。并能从软装产品的种类与名称、特性和功能等方面对家居软装产品进行介绍。

知识储备

一、餐具摆放

餐具摆放是宴请活动中必不可少的一个礼节程序，它是指根据不同的民族习俗，按照一定的规范，在席桌上摆置不同的餐具、酒具和宴席必需的其他用具。因为它直接关系到用餐过程，所以不能有半点疏忽。一要符合民族习俗和不同宴请形式的详细规范，二要符合这种习俗和规范的准确摆置。对于高端生活方式的家

图 4-29 餐厅空间摆放

庭来说，中餐和西餐是必不可少的。合理的餐厅摆放营造良好的家居氛围，如图4-29所示。

中餐的器具主要有各种规格的圆盘、条盘、汤碗、饭碗、调羹、筷子等。酒具多用50g以下的瓷杯或玻璃杯。中式餐具多用瓷器餐具，也有银器、铜器或其他质地的餐具。

西餐的餐具相对比较多样，常见的有叉、刀、匙。叉有糕饼叉、海鲜叉、甜点叉、餐叉等；刀有黄油刀、鱼刀、甜点刀、餐刀、肉排刀等；匙有冰茶匙、服务匙、甜点匙、汤匙、咖啡匙等。另外，还有专用餐具，如龙虾叉、蜗牛叉、蚝叉、蜗牛夹钳等。

1. 中餐厅餐具的摆放

中华饮食，源远流长。在这自古为礼仪之邦、讲究民以食为天的国度里，饮食礼仪自然成为饮食文化的一个重要部分。看似最平常不过的中式餐饮，用餐时的礼仪却是有一番讲究的。了解中餐厅餐具的摆放意义重大。

中餐的餐具主要有杯、盘、碗、碟、筷、匙六种。在正式的宴会上，水杯放在菜盘上方，如图4-30所示。

筷子与汤匙可放在专用的座子上，或放在纸套中。公用的筷子和汤匙最好放在专用的筷或勺座上，餐盘叠放于餐垫上，如图4-31所示。

2. 西餐厅餐具的摆放

（1）餐垫

餐垫的选择影响整个视觉效果。

（2）盘子摆放

第一个盘子，也就是西餐中最大的一个盘子称为垫盘，放在最下面，其功能是装饰和固定作用。一般情况下，食物是不会放在这个盘子上面的。其上面摆放的盘子是正餐盘，在正餐盘上面再摆放一个小盘子，它是用来吃沙拉的盘子。三个盘子形成大、中、小层叠的格局。

（3）刀叉的选择

一般情况下，右手边是刀，左手边是叉。西餐中，最少放两套刀叉，左手边放两把叉，右手边放两把刀，最外边放一个勺子。最外边的刀叉主要功能是吃沙拉的，里面的刀叉是吃正餐的，最外边的勺子是喝汤用的。汤勺放在最外边的原因是在吃西餐的时候是先喝汤的。刀在摆放的时候，刀锋一面靠近盘子，每把刀叉之间的距离是大约12cm。在整体空间的最上面放一个勺子，一把叉子，用来吃甜点。

图 4-30 中餐具摆放（1）

图 4-31 中餐具摆放（2）

勺子柄在右侧，叉子柄在左侧。在整体空间的左上方摆放一个小餐盘——面包盘，配上一把涂抹黄油的刀。咖啡杯放在紧靠喝汤的勺子右边，是吃完甜点后的饮品。

（4）杯子摆放

白葡萄酒的杯子摆放在最靠近喝汤的勺子的地方。呈弧形向上摆放的是喝红酒的杯子，依次向上的是喝水的杯子。识别杯子的诀窍，垂直于餐刀的是水杯。

（5）餐巾

一般情况下，餐巾有两种摆放。

①平整叠放在左手边：去西餐厅吃饭时一定要记住左手边的才是自己的餐巾，标准的餐巾摆放是折叠的口朝向外边，如图4-32所示。

②打包放于正中间：为了营造整体空间氛围，可把餐布打一个饱满的包，用装饰环穿起来放在正中间，放在吃沙拉的盘子上，如图4-33所示。

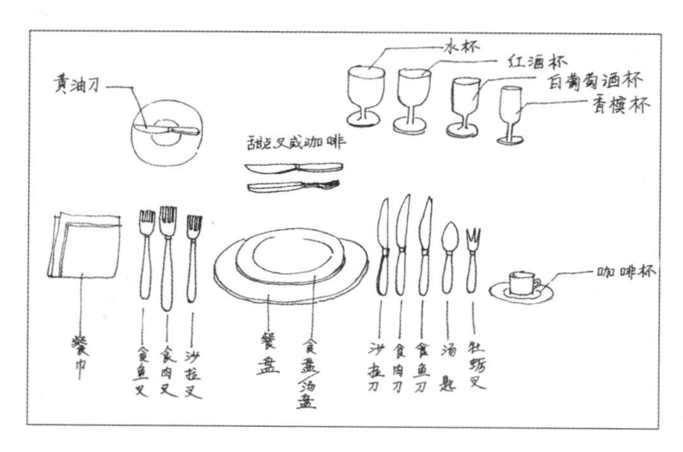

图 4-32 餐巾摆放位置

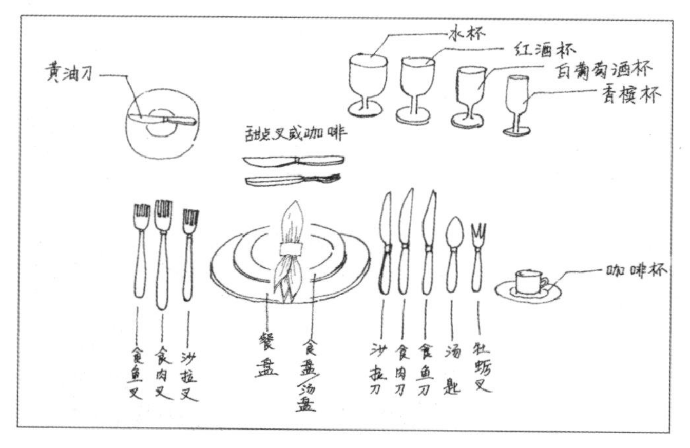

图 4-33 餐巾摆放形式

图 4-34 餐桌饰品摆放位置

图 4-35 餐桌饰品摆放形式

（6）餐桌饰品

餐桌上除了摆放餐具外，还需要摆放装饰品，如花品等来点缀餐厅空间，增加餐厅装饰的温馨感。产品摆放实景如图4-34和图4-35所示。

二、餐边柜的软装陈列摆放

不平衡的搭配方法，用非对称的手法，创造出相对稳定的视觉效果，如图4-36所示。主要产品有挂画、高型装饰物、艺术品和色调装饰物等。

图 4-36 不对称摆放

图 4-37 挂画增加装饰高度

图 4-38 色调饰品装饰

1. 挂画

将画品摆放在餐边柜左边，构成非对称的搭配手法。画品将整体视觉中心向左偏移。右侧则是需要摆放饰品的重要区域。

2. 高型装饰物

在摆放区域选择高大垂直状的中心饰品、花品，如图4-37所示。如果与挂画高度不协调，可选择水平饰品增加高度。

3. 艺术品

选择艺术品，考虑色彩、材质背后的文化信息。

4. 色调装饰物

选择不同色调、不同材质的装饰品，如图4-38所示。

任务实施

布置学习任务

通过本任务的学习，了解家居空间中产品的摆放原则，摆放餐厅餐具、餐边柜。

思考与练习

1. 简述餐厅餐具基本摆放形式。
2. 简述餐厅中餐边柜基本摆放。

巩固与拓展

1. 中式餐桌用餐礼仪。
2. 西式餐桌用餐礼仪。

项目五 家居软装方案制作

知识目标

1 概念方案（定位方案）中的生活方式、色彩、风格和平面规划设计制作的形式。
2 细化方案中完成产品空间索引，并在家居空间中对家具、灯具、布艺、饰品等软装产品进行搭配设计。
3 了解家居软装方案设计的基本内容。

技能目标

1 能够运用所学知识，完成生活方式、色彩、风格和平面规划设计。
2 能够运用所学知识，完成客厅空间、卧室空间内家居产品的搭配设计。
3 能够独立完成软装方案设计。

任务　现代风格软装方案设计

任务目标

通过本任务的学习，了解软装方案设计的基本内容，能够运用所学相关知识进行现代风格家居软装方案设计和介绍，并能够对设计方案进行评价。

任务描述

通过学习本任务的知识储备部分内容，完成学习性工作任务——现代风格软装方案制作，并能够通过本次任务，完成方案答辩与方案评价。

知识储备

一、方案制作要求

软装设计过程中，首先了解客户需求，能够根据客户的需求、硬装方案、产品风格与色彩倾向等进行方案制作。制作软装方案过程中，要能够结构清晰，有条理性，利用模板进行精确定位。方案制作要求如表5-1所示。

表 5-1　软装方案制作要求

内容		设计要求	整体要求
概念方案设计（定位方案设计）	生活方式定位	①定位图片选择要与整体格调相协调 ②定位文字部分整体描述，文字简练，不要深入到方案中的具体元素 ③要根据客户信息以及户型信息，概括出整体物质精神追求，但也不要有太多的幻象虚话	①图片分辨率不得低于300dpi，图片排列力求规整，均衡方案，PPT底纹不得喧宾夺主，务必亲切、和谐 ②适当安排符合格调定位的背景音乐，音乐要求不要太过激烈，以让客户更好地理解方案为目的
	色彩定位	①色彩定位要求配色准确干净，并配有相应文字解析 ②背景色、主体色、点缀色之间的颜色关系把握好 ③色块的大小按比例做	
	风格定位	①风格定位场景图片要系统化，图片质量要高（精美） ②可包含场景图，单项元素图片及局部细节图片 ③文字描述要清晰，有条理，和图片内容相结合	
	平面规划	①流线简洁流畅，产品布置合理 ②利用平面流线道具表现居室内的摆位 ③考虑客户的需要及每个空间的功能性，合理安排平面流线 ④平面规划设计过程中，要同时考量高度的层次感	
产品空间索引设计（细化方案设计）	客厅方案设计	①完成家具的基本摆放，搭配布艺、灯具、饰品与装饰等软装产品 ②产品搭配合理，设计得当，满足业主使用需求 ③每个空间尽量包含场景图片和产品单品图片 ④针对家居空间的功能结合产品需求进行设计 ⑤产品索引设计的过程中要能够体现空间的丰满度和层次感	

二、方案制作

1. 方案封面制作

封面设计要能够概括方案的基本信息，如设计主题、设计风格和色彩倾向。封面是设计的“门面担当”，好的封面设计至关重要，是业主是否想继续了解方案的关键因素，方案封面设计如图5-1所示。

2. 方案目录页制作

目录页设计的过程中要能够清晰地表达方案设计的基本内容，要具有概括性。目录页包括了定位方案和

案例分析：
一、封面设计

图 5-1 方案封面设计

案例分析：
二、目录页设计

图 5-2 方案目录页设计

案例分析：
三、方案内容设计
Cocept Position Design— 生活方式定位

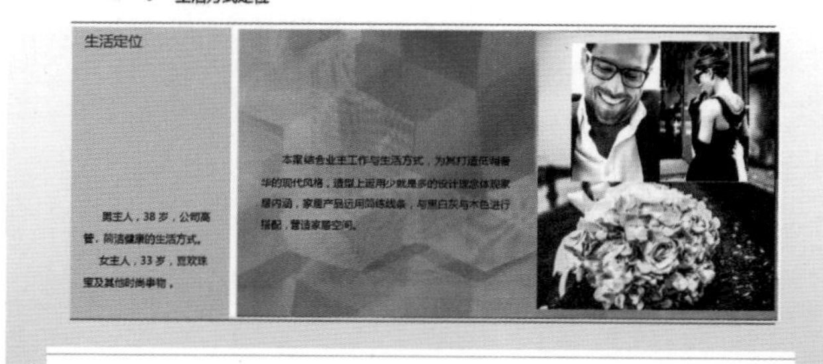

图 5-3 生活方式定位

案例分析：
三、方案内容设计
Cocept Position Design— 色彩定位

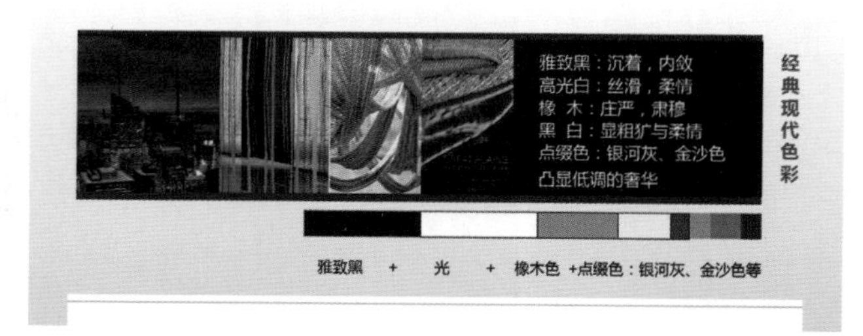

图 5-4 色彩定位

细化方案的基本内容，目录要清晰明确，简单明了，如图5-2所示。在细化方案内容设计的安排上要具有逻辑性，可以按照进门的流线进行项目的安排，如玄关—客厅—卧室—餐厅—卫浴的顺序进行设计。

3. 方案内容页制作

方案的内容设计主要包含两大部分：定位方案和产品空间索引。定位方案则包含了生活方式、色彩、风格和平面规划的内容。

（1）生活方式定位

生活方式定位设计的过程中要对业主的生活、工作以及休闲娱乐等方式进行肯定，再结合业主的相关信息进行风格、色彩方面的初步规划，如图5-3所示。

（2）色彩定位

色彩定位设计的过程中要体现对于软装方案基本的背景色、主体色以及点缀色的设计情况，能够以硬装方式为基础进行设计。色彩定位结合色彩搭配原则、业主个人喜好等进行设计，如图5-4所示。

（3）风格定位

风格定位设计的过程中要体现软装方案风格特征，结合生活方式定位的初步风格、色彩定位方案的色彩搭配，再进行选定风格设计。在风格设计的过程中，以业主的倾向风格为主。在进行选择设计、方案设计的过程中，能够体现风格在家具、灯具等软装产品和装饰中的细节，如图5-5所示。

（4）平面规划

平面规划的过程中要体现对家居平面图的设计，结合业主家居空间的平面图规划家居的功能空间，进行流线规划设计，确保家居空间的流线顺畅、得当，实现空间功能。值得注意的是在平面规划的过程中，要善于利用家具等软装产品来弥补硬装中的不足，如图5-6所示。

图 5-5 风格定位

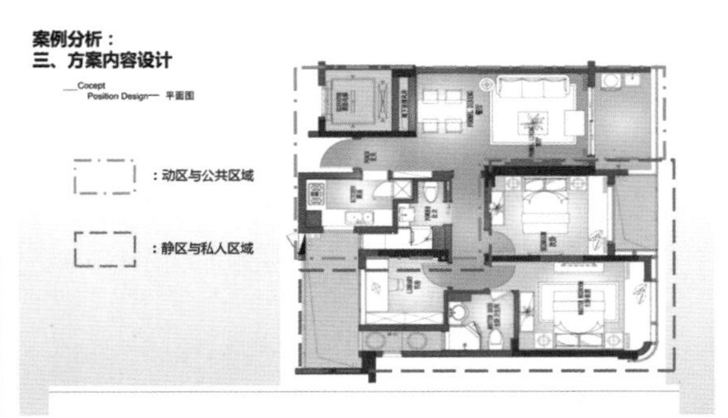

图 5-6 平面规划

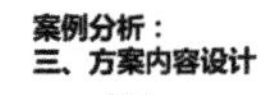

图 5-7 客厅空间设计

图 5-8 卧室空间设计

（5）空间产品索引

产品索引设计的过程中要能够结合空间的功能进行软装产品的选择，从家具、灯饰、布艺、花品、画品等方面进行选择。风格、色彩搭配合理，整体搭配协调统一。例如客厅空间的产品选择以沙发、茶几、电视柜为主，边几、单人座椅等辅助设计，再完成布艺与其他产品的选择，如图5-7所示。

卧室的产品选择以床、床头柜、边柜为主，再辅以灯具、窗帘、地毯、抱枕等软装饰品进行综合设计，产品风格与色彩协调搭配，如图5-8所示。

4. 方案封底制作

方案封底设计主要体现设计单位基本信息、方案时间以及表达对业主的感谢等，封底设计也要简洁明了，如图5-9所示。

图 5-9 方案封底制作

三、方案介绍

方案介绍过程中，主要结合方案制作的内容进行汇报，汇报过程中要求对方案熟悉，汇报时可以营造轻松愉悦的氛围，播放与家居风格相搭配的背景乐。

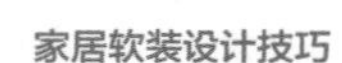

任务实施

通过知识储备内容，以个人为单位，制定现代风格软装方案，并对软装方案进行汇报与答辩。

总结评价

对制定的软装方案进行评价。

思考与练习

1. 简述软装方案制作的基本流程与要求。
2. 简述现代风格软装方案设计的要点。

巩固与拓展

1. 中式风格家居软装方案设计。
2. 美式风格家居软装方案设计。

参 考 文 献

[1] 严建中. 软装设计教程[M]. 南京：江苏人民出版社，2013.

[2] 简名敏. 软装设计师手册[M]. 南京：江苏人民出版社，2011.

[3] 范业闻. 现代室内软装饰设计[M]. 上海：同济大学出版社，2011.

[4] 张如画，张嘉铭，顾琛，郑丰银. 设计色彩[M]. 北京：中国青年出版社，2010.

[5] 沈毅. 设计师谈家居色彩搭配[M]. 北京：清华大学出版社，2012.

[6] 郑哲，鞠涛. 室内家具与陈设制作[M]. 北京：电子工业出版社，2006.

[7] 于伸，易欣. 中外家具发展史[M]. 哈尔滨：东北林业大学出版社，2016.

[8] 袁新华，焦涛. 中外建筑史[M]. 北京：北京大学出版社，2014.

[9] 张绮曼，郑曙旸. 室内设计资料集[M]. 北京：中国建筑工业出版社，2015.